城市规划设计研究系列丛书

园博之道

博览园规划设计创意与实践

江苏省城市规划设计研究院　编著　　吴弋　刘小钊　陶亮　执行主编

The Methodology of Horticulture Expo Landscape Design: Creativity and Practice

东南大学出版社

图书在版编目（ＣＩＰ）数据

园博之道：博览园规划设计创意与实践 / 江苏省城市规划设计研究院编著 . -- 南京 ：东南大学出版社，2019.3
（城市规划设计研究系列丛书）
ISBN 978-7-5641-8305-9

Ⅰ．①园… Ⅱ．①江… Ⅲ．①公园－园林设计－研究
Ⅳ．① TU986.2

中国版本图书馆 CIP 数据核字 (2019) 第 036737 号

内容提要

　　该书系统梳理了园艺博览会的起源和国内外发展概况，介绍了江苏省园艺博览会的基本概况和它所带来的综合效应，结合江苏省城市规划设计研究院规划设计实践，总结和提炼了博览园规划设计的基本思路、模式、章法、特色和创新点，并通过在江苏省园艺博览会、中国花博会、中国绿博会及湖北省园林博览会等不同类型项目的规划设计实践，更为全面、细致地解析博览园规划设计的一般方法和创新范式。

　　该书适用于风景园林、城乡规划、建筑设计从业人员、政府相关人员以及大专院校相关专业师生。

园博之道：博览园规划设计创意与实践　　YUANBO ZHI DAO : BOLANYUAN GUIHUA SHEJI CHUANGYI YU SHIJIAN

编　著	江苏省城市规划设计研究院	执行主编	吴 弋　刘小钊　陶 亮
责任编辑	陈　跃（025）83795627		

出版发行	东南大学出版社	出 版 人	江建中
地　　址	南京市四牌楼 2 号	邮　编	210096
销售电话	（025）83794121		
网　　址	http://www.seupress.com	电子邮箱	press@seupress.com

经　销	全国各地新华书店	印　刷	南京精艺印刷有限公司
开　本	889mm×1194mm　1/12	印　张	17.5
字　数	510 千字		
版印次	2019 年 3 月第 1 版　　2019 年 3 月第 1 次印刷		
书　号	ISBN 978-7-5641-8305-9		
定　价	210.00 元		

前言
Foreword

江苏省城市规划设计研究院成立四十周年，凭借雄厚的综合实力和领先的专业能力，在城市规划、风景园林规划与设计、工程设计等领域取得了显著成就。其中，风景园林作为一个重要的专业方向，伴随着我国城市生态文明建设的发展和各类大型园艺博览会的持续举办，无论是在项目实践、设计创新还是理论总结等方面，均取得了长足的发展和进步，在江苏省内处于领先地位，在全国具有重要影响力。

自 2000 年以来，我院持续参与和实践了包括江苏省园艺博览会、中国绿化博览会、中国花卉博览会和湖北省园林博览会等众多园博会项目，在十几年的博览园规划设计道路上一路走来，有经验也有教训，有欣慰也有遗憾。

《园博之道》以园博为主线，"启"从历史背景，介绍了园艺博览会的历史渊源；"承"述江苏园博，概述了江苏省园艺博览会的发展历程和效应；"转"而论道，总结了园艺博览会博览园规划设计的要义精髓；"合"在经典案例，详述了我院参与园博会的经典实践案例。

本书不仅是我院专业技术人员集体实践和智慧的结晶，更是我院风景园林专业伴随风景园林行业和城市绿化建设发展的一个缩影。本书的编写不只是我院风景园林规划设计实践与成果的展示，更是希望通过系统总结，从历史脉络、时代背景、行业发展和社会变革的多维角度去思考园博会对城市、对社会的积极影响，去探寻风景园林与自然、与城市和与人的深层关系，从而鞭策我们以更专的投入、更大的热情和更深的思考继续探索，创新和实践风景园林人的梦想。

本书在编写过程中得到了江苏省住房和城乡建设厅、江苏各地市园林局等相关部门及各界同仁的大力支持和指导；书中部分实景照片的拍摄还得到了张晓鸣、陆志刚、李守义等多位专家的慷慨相助，在此一并表示由衷的谢意。

限于自身水平，书中的分析、论述和总结尚有不足之处，恳请各位专家、读者批评指正。

编者

2018.10

目录
Contents

第一章

1 博之"启"

一、园博会的起源

（一）起源

园艺博览会（下文简称"园博会"）伴随着人类文明的发展而逐步产生。园林园艺寄托了人们的审美和自然哲学，营造了舒适的人居环境，这为园博会的发展提供了精神追求和社会基础。园博会最初形式是定期的市集。在古代农耕社会，人们往往在庆贺丰收、宗教仪式和欢度喜庆的节日里展开交易活动，后来逐渐发展成为定期的、有固定场所的、以物品交换为目的的大型贸易及展示集会，如中国庙会、中世纪欧洲商人的市集等，这些都成为园博会精神内涵的雏形。

▲ 图 1-1　中世纪市集场景
图片来源：http://blog.sina.cn/dpool

园博会是社会经济发展到一定阶段的必然产物。18 世纪，工业革命使社会生产力得到极大提升，不断出现的新产品和新技术需要借助于展览会作为展示平台，以园林园艺为主题的专业展览会应运而生。19 世纪，科学技术的进步使社会生产力得到更大发展，展览会的规模也逐步扩大，商品展示交易的种类和参与人员变多，展示时间变长，参展的地域范围从一地扩大到全国，由国内延伸到国外，直至发展成为由许多国家参与的博览会，并逐渐从综合博览会衍生出专业博览会，园博会便是其中一类。

公园的产生进一步促进了园博会的发展。人们对植物和花园的兴趣日渐高涨以及相关学科的蓬勃发展，使各类植物协会及组织陆续建立，公园也逐渐成为大众生活的一部分。在此背景下，园博会开始在欧洲逐渐发展起来。

（二）定义

园博会发展至今，已经逐步成为各国乃至全球范围内园林园艺行业的热点，越来越受到社会和学术界的关注，但业界对园博会的研究相对滞后，目前暂无统一定义。

本书结合相关理论研究和实践，对园博会做出如下定义：园艺博览会简称园博会，是以园林园艺为主要展示内容的专业博览会，一般包括室外园林艺术展和室内专题展。室外依托园艺博览园（下文简称"博览园"）展示现代造园艺术以及园林行业新成果等内容；室内展主要开展各项园林园艺专题展以及学术研讨、商贸交流等活动。园博会内容丰富、覆盖面广，对促进行业进步，带动城市社会、文化、经济、生态等多方面发展起到了积极作用。

（三）类型

对于园博会目前没有统一的分类标准，本书结合已有文献中提及的分类方法，将园博会按主办单位级别、投资主体和博览园选址三个不同层面进行分类，这三种分类方式为分析园博会规划设计方法、运营模式及后续利用提供了概念界定和逻辑依据。

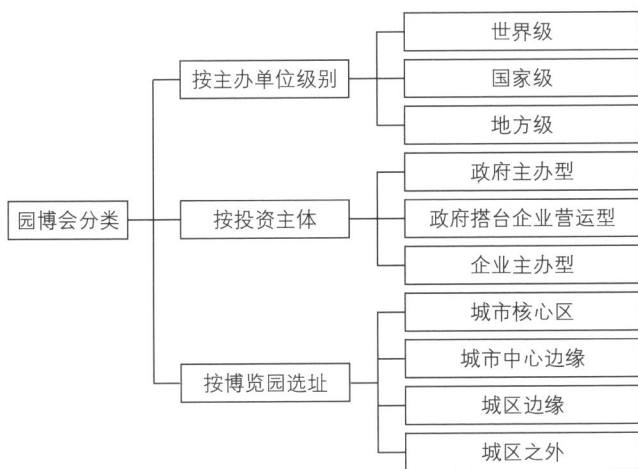

▲ 图1-2　园博会分类

1. 按主办单位级别分类

此分类方式在目前学术论文中出现较多，据此可将园博会分为世界园艺博览会、国家级园艺博览会和地方级园艺博览会三种。其中世界园艺博览会由国际园艺生产者协会（AIPH）批准，由世界范围内某一国家举办；国家级园艺博览会一般由国家相关部门和承办城市共同主办；地方级园艺博览会一般由地方政府主办，申办城市具体承办。

2. 按投资主体分类

● 政府主办型

由中央或地方政府及有关职能部门直接投资建设和管理，通常也由其负责博览园建设土地的流转和主要资金的筹措，出资额一般在总投资的50%以上。政府是园博会发展的原始推动力，具有很强的号召力，可通过制定各种优惠政策，吸引大量企业作为参展方投资进而参与博览园的建设，有利于形成博览园良好的软硬件环境。

● 政府搭台企业营运型

政府在博览园建设初期进行投入，包括一些基础设施建设和公共服务、管理建设投资，投资额度在总投资的50%以下。而在经营管理层面上，则有专门的企业负责博览园的产业招商引资、展会布置、旅游策划和后勤服务等组织运行，同时接受政府相关组织管理部门的监督管理。如德国联邦园林展作为国家级展会，由政府牵头，德国园艺展公司（Deutsche Bundesgartenschau Gesellschaft，简称DBG）负责组建临时公司进行园博会建设，再由中央园艺协会（Zentral Verband Gartenbau，简称ZVG）进行园博会的审查和评估，展会结束后这些临时性公司自然解体。

● 企业主办型

政府只提供有关优惠政策，建设经费由企业筹集。一般是行业龙头企业、园艺科技型企业和具有一定经济实力的企业。这类园博会大多不是综合性的，通常只针对某一产业。由于企业有完全生产和经营的自主权，全面实行企业化管理，机制灵活，效益容易得到保证。

3. 按博览园选址分类

园博会是产业发展和城市复兴的强心剂，可带动地区经贸活动，促进新区建设，改善周边环境，提升城市发展水平。博览园选址与城市的关系不仅直接决定了园博会成功与否，更影响到其后续利用以及与城市整体空间发展的关系。通过分析博览园选址与城市的关系，将园博会分为以下四种类型：

● 城市核心区

此类园博会对用地规模有一定要求，而城市核心区可开发土地有限，因此位于城市核心区的博览园现已不多见。早期选址于城市核心区的博览园通常面积较小，多依托已有城市公园。如 2000 年第一届江苏省（南京）园艺博览会，选址于城市核心区的玄武湖公园，在玄武湖公园翠洲建造了一个近 4 万平方米的博览园，借此完成了翠洲的整体提升。

● 城市中心边缘

此类园博会选择在距离城市中心 1~2.5 公里的范围内举办，这样不仅博览园与市中心之间有便捷的交通联系，也有利于其在会后成为城区内景点。如 2005 年第四届江苏省（淮安）园艺博览园，选址于市中心东南区域的钵池山公园，东连火车南站，西傍翔宇大道，南邻经济开发区，北靠古黄河风光带，交通、休闲、购物十分便利，会后成为淮安市目前最大的综合性公园。

● 城区边缘

随着会展规模的扩大、城市空间的扩张和交通工具的升级，市中心与城市边缘区的联系更为便捷，博览园开始向城区边缘迁移。此类园博会一般选址于城区边缘的大型公园、风景名胜区和生态绿地等具有良好景观和生态资源的区域。如 1999 年昆明世界园艺博览会，选址于昆明东北郊的金殿风景名胜区，森林覆盖率高达 76.7%，距昆明市区约 6 公里，交通十分便利。

● 城区之外

近年来随着城市交通的进一步发展，出现了独立于城区之外的园博会。这类博览园通过快速轨道交通与中心城区相连，内部自成一体，相对独立，在一定程度上加快了所在区域的城市化进程。如 2013 年第九届中国北京国际园林博览会，选址于北京市西南部丰台永定河畔，现状为建筑垃圾填埋场，位于永定河绿色生态发展带的核心区域，也是北京市城南行动计划和推进城市西部地区转型升级的重点项目。它的建设和举办是推进丰台永定河绿色生态发展带建设的重要抓手，对改善周边生态和投资环境，带动沿岸开发建设和产业升级具有深远意义。

二、国内外园博会发展概况

（一）国外发展概况

1. 源于欧洲

园博会于 18 世纪起源于欧洲，1809 年比利时举办了以园艺为主题的专业性展览会，这是欧洲第一次大型园艺展；1883 年在荷兰首都阿姆斯特丹举办了世界上首届以园艺为主题的博览会，即今天大家所熟知的园博会的雏形。德国于 1887 年和 1896 年分别在德累斯顿和汉堡举办了国际园林展，将专业展示、商业利益和公众活动结合在一起，这一传统从 20 世纪一直延续至今。

此后，园博会的连续举办使其逐渐深入人心，极大地推动了园艺行业的发展和园艺科技的进步，掀起了西方家庭园艺风潮，带动了园林园艺市场的蓬勃发展，同时也使园博会开始进入快速发展阶段。

2. 快速发展

1907 年德国曼海姆市举办了大型国际艺术与园林展，展览时间和参观人数量已与今天的许多园博会相近，成为德国园林展的里程碑。此后，德国又举办了多次园林展，重要的有 1929 年在埃森和 1939 年在斯图加特举办的园林展。当时园林展强调的已不仅仅是园林展本身，而是同时着眼于展览对社会、对城市发展的积极影响。

随着科技和生产力的进步以及两次世界大战的结束，国际展览局（BIE）和国际园艺生产者协会（AIPH）相继成立，这两个重要组织的成立使园博会的组织更加正规化、专业化，有力地推动了园博会的发展。直至今日，各地举办的世界园艺博览会均是由国际园艺生产者协会（AIPH）批准，其中 A1 类（大型国际园艺展览会）园艺博览会同时须由国际展览局（BIE）认可。

▲ 图 1-4　国际展览局徽章图

▲ 图 1-5　国际园艺生产者协会标志

国际展览局（BIE）成立于 1928 年，总部位于法国巴黎，是专事监督和保障《国际展览会公约》的实施、协调和管理世界博览会（下文简称"世博会"）并保证世博会水平的政府间国际组织。其工作包括为世博会所展示的内容确定分类标准、审查所有申办的注册类（综合类）或认可类（专业类）世博会的申请、组织考察申办国的申办工作、协调展览会的日期、保证展览会的质量等。世界园艺博览会是世博会的一种，国际展览局（BIE）对促进世界各国园林园艺交流和发展，规范、管理和协调世界园林博览会的举办起到了重要作用。

国际园艺生产者协会（AIPH）成立于 1948 年，总部在

▲ 图 1-3　1907 年德国曼海姆国际艺术与园林展
图片来源：王向荣. 关于园林展 [J]. 中国园林，2006, 22(1): 20

荷兰海牙，是为了保持园艺事业的繁荣和发展，由专业人员构成并由各加盟国组织成立的国际协会。国际园艺生产者协会（AIPH）组织设立的目的是通过各种会议、广告宣传和举办国际性的征文比赛以及各种展示会，与所在国家以及国际性的各种团体或有关当局接触，奖励在专业技术研究开发和传播方面取得卓越成就的专业人员或组织，促进国际园艺事业发展。它代表了具有国际水准的专业园艺生产者的共同利益。

国际园艺生产者协会（AIPH）成立后，各届世界园艺博览会均由其批准举办，自 1960 年举办首届世界园艺博览会开始，每隔 1 年到数年举办一届，展会时间一般为 3~6 个月。世界园艺博览会是国际性园艺展会，属于认可类（专业类）世博会，根据规模分为四类：A1 类为大型国际园艺展览会，A2 类为小型国际园艺展览会，B1 类为大型国内园艺展览会，B2 类为国内专业展示会。国际展览局（BIE）也对国际园艺生产者协会（AIPH）批准的 A1 类世界园艺博览会进行认可。

表 1-1　历届世界园艺博览会

举办年份	举办国	举办城市	博览会名称	主　题
1960	荷兰	鹿特丹	国际园艺博览会（A1 类）	唤起人们对人类与自然相容共生
1963	德国	汉堡	汉堡国际园艺博览会（A1 类）	唤起人们对人类与自然相容共生
1964	奥地利	维也纳	奥地利世界园艺博览会（A1 类）	唤起人们对人类与自然相容共生
1969	法国	巴黎	巴黎国际花草博览会（A1 类）	法国之后和世界之花
1972	荷兰	阿姆斯特丹	芙萝莉雅蝶园艺博览会（A1 类）	国际园艺所达成的成就
1973	德国	汉堡	汉堡国际园艺博览会（A1 类）	在绿地中度过假日
1974	奥地利	维也纳	维也纳国际园艺博览会（A1 类）	世界园艺
1976	加拿大	魁北克	魁北克国际园艺博览会	—
1980	加拿大	蒙特利尔	蒙特利尔园艺博览会（A1 类）	人类社会文化活动和物理环境之间的关系
1982	荷兰	阿姆斯特丹	阿姆斯特丹国际园艺博览会（A1 类）	—
1983	德国	慕尼黑	慕尼黑国际园艺博览会（A1 类）	—
1984	英国	利物浦	利物浦国际园林节（A1 类）	世界园艺所达成的成就
1990	日本	大阪	大阪万国花卉博览会（A1 类）	花与绿 – 人类与自然

续　表

举办年份	举办国	举办城市	博览会名称	主　题
1992	荷兰	路特米尔	海牙国际园艺博览会（A1 类）	园艺是一个持续更新的领域，涵盖了质量、技术、科学及管理
1993	德国	斯图加特	斯图加特园艺博览会（A1 类）	城市与自然——负责任地解决方案
1994	法国	圣·丹尼斯	圣·丹尼斯国际园艺博览会	—
1995	德国	哥特布斯	哥特布斯国际园艺博览会	—
1996	意大利	热亚那	热亚那国际园艺博览会	—
1997	比利时	利戈	利戈国际园艺博览会	—
1997	加拿大	魁北克	'97 国际花卉博览会	—
1999	中国	昆明	昆明世界园艺博览会（A1 类）	人与自然——迈向 21 世纪
2000	日本	兵库县淡路岛	日本淡路花卉博览会	—
2002	荷兰	阿姆斯特丹	芙萝莉雅蝶园艺博览会（A1 类）	体验自然之美
2003	德国	罗斯托克	罗斯托克国际园艺博览会（A1 类）	海滨的绿色博览会
2004	日本	静冈	日本滨名湖国际园艺博览会（A2+B1 类）	—
2004	法国	南特	南特园艺博览会（A2 类）	—
2005	德国	慕尼黑	慕尼黑联邦园艺展（B1 类）	—
2005	法国	第戎	第戎园艺博览会（B2 类）	—
2006	泰国	清迈	清迈世界园艺博览会（A1 类）	表达对人类的爱
2006	中国	沈阳	沈阳世界园艺博览会（A2+B1 类）	我们与自然和谐共生，自然大世界，世界大观园
2006	意大利	热那亚	热那亚欧洲园艺博览会（A2 类）	—
2007	德国	杰拉	杰拉国际园艺博览会（B1 类）	—
2008	加拿大	魁北克	魁北克园艺博览会（B2 类）	—

续　表

举办年份	举办国	举办城市	博览会名称	主　题
2008	加拿大	魁北克	花园的花会（B1 类）	—
2009	韩国	科科吉	科科吉国际园艺博览会（A2 类）	—
2009	日本	静冈	静冈园艺博览会（B2 类）	—
2009	德国	施韦林	施韦林国际园艺博览会（B1 类）	—
2010	中国	台北	台北国际花卉博览会（A2+B1 类）	彩花、流水、新视界
2011	意大利	古诺	古诺欧洲园艺博览会（A2 类）	—
2011	德国	科布伦茨	科布伦茨国际园艺博览会（B1 类）	—
2011	中国	西安	西安世界园艺博览会（A2+B1 类）	天人长安·创意自然——城市与自然和谐共生
2011	泰国	清迈	皇家阿勃勒国际花卉博览会（A2+B1 类）	—
2012	荷兰	芬洛	芬洛世界园艺博览会（A1 类）	融入自然，改善生活
2013	韩国	顺天	顺天湾世界园艺博览会（A2+B1 类）	地球与生态，融为一体的庭园
2013	中国	锦州	锦州世界园艺博览会	城市与海和谐未来
2014	中国	青岛	青岛世界园艺博览会（A2+B1 类）	多彩园艺，和谐城市
2016	土耳其	安塔利亚	安塔利亚国际园艺博览会（A1 类）	花卉与儿童
2016	中国	唐山	唐山世界园艺博览会（A2+B1 类）	都市与自然·凤凰涅槃
2018	中国	台中	台中世界花卉博览会（A2+B1 类）	花现 GNP
2019	中国	北京	北京世界园艺博览会（A1 类）	绿色生活，美丽家园
2021	中国	扬州	扬州世界园艺博览会（A2+B1 类）	绿色城市，健康生活

▲ 图 1-6　1960 年鹿特丹举办的首届世界园艺博览会地标——欧洲塔
图片来源：www.vcg.cn/

▲ 图 1-8　2002 年芙萝莉雅蝶园艺博览会
图片来源：http://www.mafengwo.cn/i

▲ 图 1-7　1990 年大阪万国花卉博览会
图片来源：https://tieba.baidu.com/p

▲ 图 1-9　2003 年德国罗斯托克国际园艺博览会
图片来源：德国 WES 设计事务所 . 2003 罗斯托克国际园艺展总体规划 [J].
城市环境设计，2017(1)：54

▲ 图 1-10　2006 年泰国清迈世界园艺博览会
图片来源：http://www.tuniu.com/tour

▲ 图 1-11　2012 年荷兰芬洛世界园艺博览会
图片来源：http://www.landezine.com/index.php/2013/03

▲ 图 1-12　2013 年韩国顺天湾世界园艺博览会
图片来源：http://blog.sina.cn/dpool/blog/s

3. 百花齐放

在世界园艺博览会方兴未艾的同时，欧洲的多个国家开始自主举办园博会。

● 德国

德国是世界上最早举办园林展的国家之一，是通过园博会推动城市绿地建设最成功的国家之一，同时也是迄今为止举办各种级别园博会最多的国家。自1951年起，德国每隔两年举办一次"联邦园林展"（Bundesgartenschau，简称 BUGA）；自1953年起，每隔10年举办一次世界园艺博览会。联邦园林展的主题多元化并具有时代性，战后的园林修复重建、原有绿地的升级改造、公共开放空间的建设、城市绿地系统的完善、工业废弃地的改造修复、城市新区的反战建设，诸如此类的主题总能扣住时代的脉搏。在德国，世界园艺博览会和联邦园林展类同，为举办地带来了巨大的影响力和综合效益。

表 1-2　历届德国联邦园林展

届次	举办地点	举办年份	现状使用	主题
第一届	汉诺威	1951	免费公园	园林展的想法源于对美好环境的需求和对战后恐惧的安抚
第二届	汉堡	1953	免费公园	充分展现旧公园的更新利用
第三届	卡塞尔	1955	免费公园	一个新的当代艺术中心，展后重建的巴洛克花园
第四届	科隆	1957	免费公园	莱茵河上的贡多拉
第五届	多特蒙德	1959	免费公园	新的公园带来了新的价值
第六届	斯图加特	1961	免费公园	不再是以修复战争破坏为前提的园林展，而是要创造舒适的环境
第七届	汉堡	1963	免费公园	针对老城墙和老植物园的修复
第八届	埃森	1965	收费公园	为每个年龄阶层的人提供活动休憩场所
第九届	卡尔斯鲁厄	1967	部分免费	为卡尔斯鲁厄带来了新的更持久的发展方向
第十届	多特蒙德	1969	收费公园	赋予老旧铁矿新的生机
第十一届	科隆	1971	免费公园	第一次有了多媒体的展示
第十二届	汉堡	1973	免费公园	开始了屋顶绿化之路
第十三届	曼海姆	1975	收费公园	创造充足的娱乐活动空间

续 表

届次	举办地点	举办年份	现状使用	主 题
第十四届	斯图加特	1977	免费公园	这是一个杂草丛生的花园
第十五届	波昂	1979	免费公园	自然和文化的结合
第十六届	卡塞尔	1981	免费公园	设计师角色的转变——从剥削者到保护者
第十七届	慕尼黑	1983	免费公园	绿地中的体育场和游戏场
第十八届	柏林	1985	收费公园	服务于周边居民的新公园
第十九届	杜塞尔多夫	1987	免费公园	——
第二十届	法兰克福	1989	免费公园	艺术灵感的花园
第二十一届	多特蒙德	1991	收费公园	提供教学示范和植物保育的公园
第二十二届	斯图加特	1993	免费公园	相连的绿地，新鲜的空气，提倡绿道慢行和极限运动
第二十三届	科特布斯	1995	部分开放	自然需要您，您需要自然
第二十四届	盖尔森基兴	1997	免费公园	新建一处可增值的休闲区域
第二十五届	马格德堡	1999	免费公园	进入新时代
第二十六届	波茨坦	2001	收费公园	昨天和明天之间的园林艺术
第二十七届	罗斯托克	2003	收费公园	在船上享受美景
第二十八届	慕尼黑	2005	免费公园	慕尼黑的第三大公园，可持续管理型公园
第二十九届	格拉	2007	免费公园	Grasbewachsenes 的山谷
第三十届	什未林	2009	免费公园	城市发展的成功理念
第三十一届	科布伦茨	2011	免费公园	在科布伦茨享受欢乐：索道成为世界遗产
第三十二届	汉堡	2013	免费公园	在 80 个花园中环游世界
第三十三届	哈维尔地区	2015	免费公园	劳动之山
第三十四届	柏林	2017	免费公园	色彩的海洋

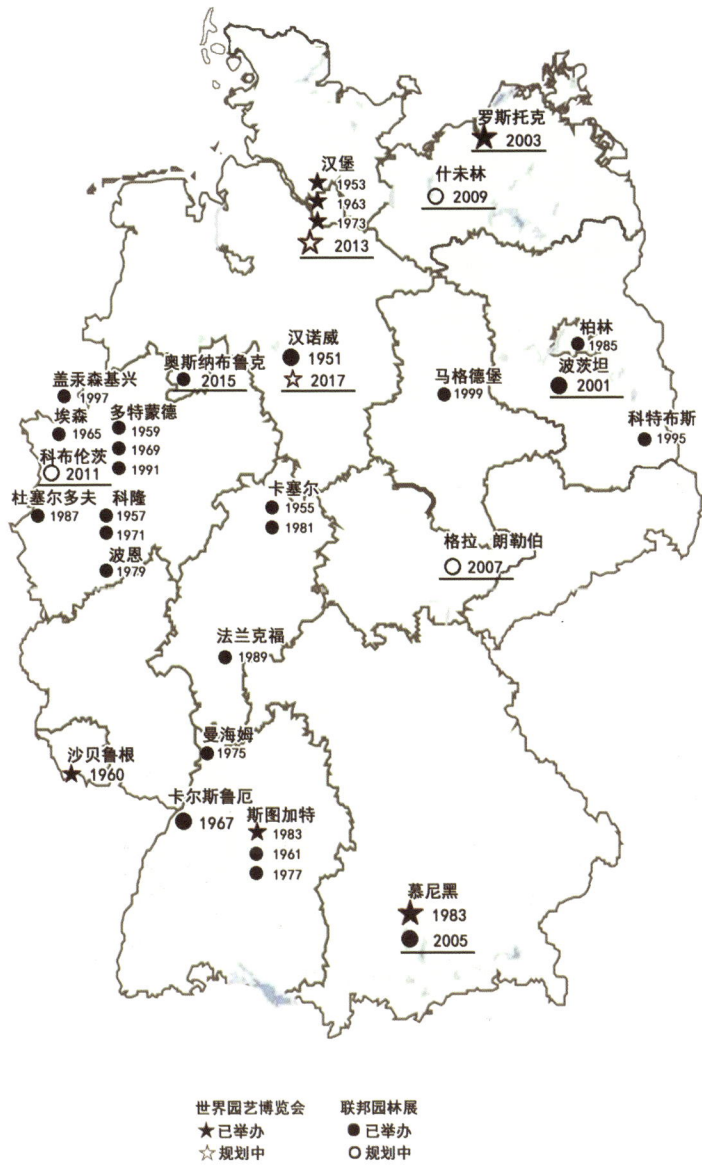

罗斯托克
★ 2003

汉堡
★ 1953
★ 1963
★ 1973
☆ 2013

什末林
○ 2009

汉诺威
● 1951
☆ 2017

柏林
● 1985

波茨坦
● 2001

马格德堡
● 1999

科特布斯
● 1995

奥斯纳布鲁克
● 2015

盖汞森基兴
● 1997

埃森
● 1965

多特蒙德
● 1959
● 1969
● 1991

科布伦茨
○ 2011

杜塞尔多夫
● 1987

科隆
● 1957
● 1971

波恩
● 1979

卡塞尔
● 1955
● 1981

格拉·朗勒伯
○ 2007

法兰克福
● 1989

曼海姆
● 1975

沙贝鲁根
★ 1960

卡尔斯鲁厄
● 1967

斯图加特
★ 1983
● 1961
● 1977

慕尼黑
★ 1983
● 2005

世界园艺博览会
★ 已举办
☆ 规划中

联邦园林展
● 已举办
○ 规划中

▲ 图 1–13　世界园艺博览会和联邦园林展在德国的举办情况
图片来源：吴人韦，苏晓静. 当代德国园林展的风景园林规划策略解析及其启示 [J]. 中国园林，2006(2)：43

▲ 图 1–14　1981 年卡塞尔联邦园林展
图片来源：https://wenku.baidu.com/view/

▲ 图 1–15　1993 年斯图加特联邦园林展
图片来源：https://wenku.baidu.com/view/

▲ 图 1-16　1997 年盖尔森基兴联邦园林展

图片来源：https://wenku.baidu.com/view/

▲ 图 1-17　2005 年慕尼黑联邦园林展

图片来源：http://blog.sina.cn/dpool/blog/s

▲ 图 1-18　2017 年柏林联邦园林展

图片来源：崔庆伟，吴丹子，等 ."色彩的海洋"——2017 德国柏林国际花园博览会 [J]. 风景园林，2017(10)：84

▲ 图 1-20 2009 年法国肖蒙城堡国际花园节
图片来源：邱治平. 回顾和展望——记第 20 届法国肖蒙城堡国际花园艺术节 [J].
风景园林，2011(3): 88

● 法国

受德国园林展的影响，法国在 1969 年也承办过由国际展览局 BIE 认可的世界园艺博览会。有着深厚园林传统的法国，从 20 世纪 90 年代开始发展出另一种独特的具有国际影响力的园林展。如从 1992 年起，法国于每年的 5 月至 10 月在巴黎西南部的小镇肖蒙举办的法国肖蒙城堡国际花园节（Festival des Jardins Internationals，France），其宗旨是"在这个国际化的

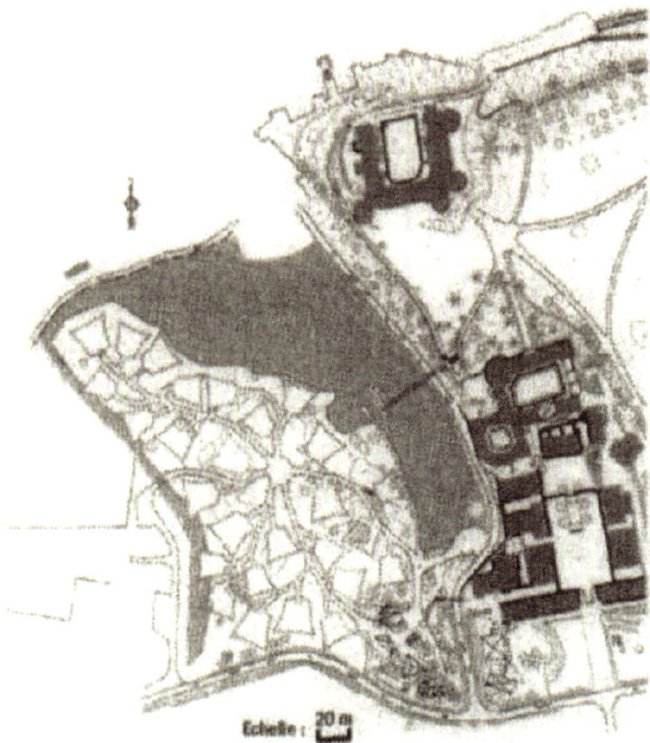

▲ 图 1-19 2007 年法国肖蒙城堡国际花园节场地布局图
图片来源：南楠. 园林展规划策略和会后利用研究 [D]. 北京林业大学，2007

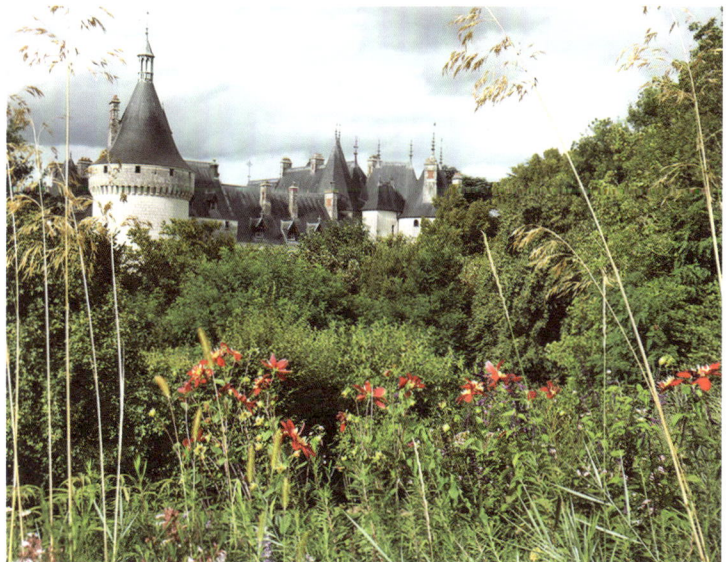

▲ 图 1-21 2014 年法国肖蒙城堡国际花园节
图片来源：http://www.ipernity.com/doc

年代里，推进景观设计和艺术运用观念的转换，并走上一个新台阶"，鼓励以现代和实验的方式创造花园，是一个为了促进园林艺术的发展、培养公众对于园林艺术的兴趣而举办的园林展。目前已成为展示世界风景设计创作状况全景的盛大活动。

● 荷兰

荷兰是一个与园林园艺有着不解之缘的国度，园艺业在荷兰有着特殊的地位。从早期的跟随德国，借助园林展重建被战争破坏的公园，到之后与城市规划的紧密结合，荷兰的园林展也随时代和社会的发展不断地变化、调整、适应。而在规划策略和会后利用方面，荷兰的园林展也显得更加灵活多样。如荷兰国际花卉园艺博览会（Green Tech）自 1962 年首届举办，至今已经成功举办 50 多届，已成为国际上具有一定影响力的商业花卉园艺展览会，受到国际行业专家的一致推崇。主办方全部由来自行业内部的专业人士所组成，多年来在专业性和时效性上全面发展，为园艺行业提供了一个有效的商业平台。

▲ 图 1-23 2010 年荷兰库肯霍夫国际花卉博览会
图片来源：http://m.sohu.com/a

▲ 图 1-22 2014 年荷兰国际花卉博览会室内展馆
图片来源：http://cdn.expoeye.net/up-content/

● 英国

英国的园林展与社会政治经济因素紧密相连，不同于德国和荷兰，英国的园博会并没有一个中心组织机构，其起源也是一个偶然的事件，是政府进行的城市再生施政目标的一个策略；是城市发展、产业和内城复兴的一个手段；是经济发展的催化剂。因此其主要特点：一是选址为产业废弃地；二是后期交给发展公司进行二次开发。虽然这种方式使场地后期命运包含许多不确定因素，但也有其成功之处：如短时间内对废弃地的生态处理、场地恢复，以及展会公共投资与私人投资的比例等。

英国的国家园林展（National Garden Festivals），是英国工业城市大量废弃区域的文化复兴和重建的一部分，它开始于 1984 年的利物浦国际园林博览会，之后又分别在斯托克城（1986 年）、格拉斯哥（1988 年）、盖茨黑德（1990 年）、埃布韦尔（1992 年）举办了 4 届园林展。

　　除此之外，自 1862 年起，英国皇家园艺学每年会在肯辛顿举行切尔西花展（Chelsea Flower Show），自 1913 年起改至春天在伦敦切尔西举办，夏天在汉普敦宫殿举办。展期都在一周左右，主要展示的园艺成果为临时性的小花园，这种形式的园林展对于启发设计新思想、推动园林艺术的发展以及唤醒公众对园林园艺的热爱发挥了巨大作用。

▲ 图 1-25　2013 年英国切尔西花展
图片来源：http://blog.sina.cn/dpool/blog/s

▲ 图 1-24　1998 年在格拉斯哥举办的英国国家园林展
图片来源：https://en.wikipedia.org/wiki/National Garden Festival#

▲ 图 1-26　2014 年英国切尔西花展
图片来源：http://www.sohu.com/a

● 加拿大

加拿大魁北克省自 2000 年起每年在梅蒂斯市举办国际花园展，通过吸引世界各地的设计师，进行小花园创造，以探索

▲ 图 1-27　2012 年加拿大梅蒂斯国际花园展中的 15 Knots 花园
图片来源：http://bbs.zhulong.com/101020 group 201864

▲ 图 1-28　2014 年加拿大梅蒂斯国际花园展室外景观
图片来源：http://bbs.zhulong.com/101020 group 3007018

花园新的表现形式。花园节的空间设计结合了视觉艺术、建筑、景观、设计和自然等元素，是一场关于花园创新性和实验性的特殊展览，也是北美地区最重要的当代花园展览活动。

● 地方级别园博会

近年来，在欧洲出现了由一个或几个国家中的区域、州（省）举办，由一个或两个城市承办的区、州（省）园博会。如自 1980 年起，德国的 16 个州都有自己的园林展（Landersgarte Nschauen），这给了更多地区和城市以借助园林展而发展的契机。2002 年，就有 7 个州园林展分别在各自所属州举行，每一个展览都有着具有地方特色的主题。

瑞士洛桑园林园艺展（Habitat-Jardin），更像是以园林为主题的现代艺术展览，展览关注园艺与艺术、城市的关系，激发大众对园林的思考。其中 1997 年的展览在城市中心的公共空间中展出了 34 个花园；2000 年的展览共有 59 个花园作品，展览区的范围也扩大了。这些作品有的由著名的设计师或艺术家设计，有的通过竞赛确定方案。因为展品是临时性的，许多花园都如同装置艺术品。通过展览，城市环境特别是公共空间的结构得到改善；展览还促进了城市间的交流，扩大了城市影响，使城市更具活力及生机。

此外，还有澳大利亚墨尔本的国际园林园艺展（Melbourne International Flower and Garden Show（MIFGS）），葡萄牙的蓬蒂·迪利玛国际花园节（The Ponte de Lima International Garden Festival）；法国里昂也于 2004 年成功地举办了街道园林展（Festivaldes J ardi ns de rues）。

▲ 图 1-29　第 17 届澳大利亚墨尔本国际园林园艺展
图片来源：http://www.lejiatuangou.com/news/2

▲ 图 1-30　葡萄牙蓬蒂·迪利玛国际花园节
图片来源：http://blog.sina.cn/dpool/blog/s

▲ 图 1-31　2004 年里昂街道园林展上的"种植箱"
图片来源：王向荣. 关于园林展 [J]. 中国园林，2006，(1):24

（二）国内发展概况

中国园林历史悠久，在世界园林史上享有很高的地位。尽管园博会在中国的历史并不长，但近年来随着我国社会经济的飞速发展、城市建设和人民生活水平的提高、国家政策的导向和人民需求的转变，园博会在我国快速发展，逐步成为展示现代园林园艺发展成果、推广绿色科技的重要窗口；成为拉动园林规划建设、园艺花卉苗木、现代休闲旅游等产业发展的重要引擎；成为优化城市环境、提升城市品质、丰富群众精神文化生活的重要载体；成为推动园林绿化建设、生态建设和人居环境建设的重要抓手。至今中国已成为世界上每年举办园博会次数最多的国家之一。

目前在中国举办的园博会有以下三种等级：

1. 世界园艺博览会

21 世纪前，世界园艺博览会的举办地大多是经济较为发达的欧美国家。1960—1997 年期间共举办了 19 届世界园艺博览会，其中亚洲仅日本在 1990 年举办过一届，其余举办地均为欧美发达国家，德国、荷兰、奥地利举办次数最多。

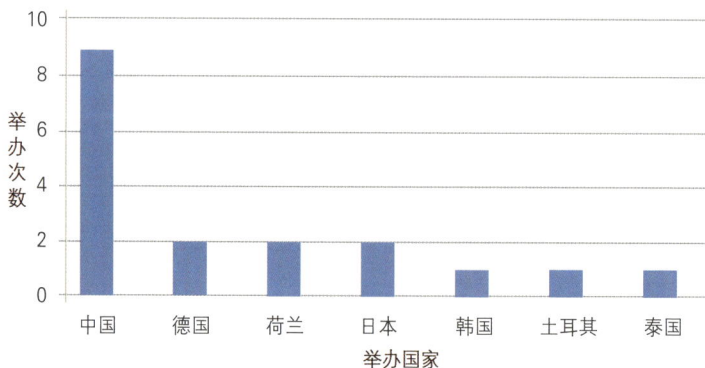

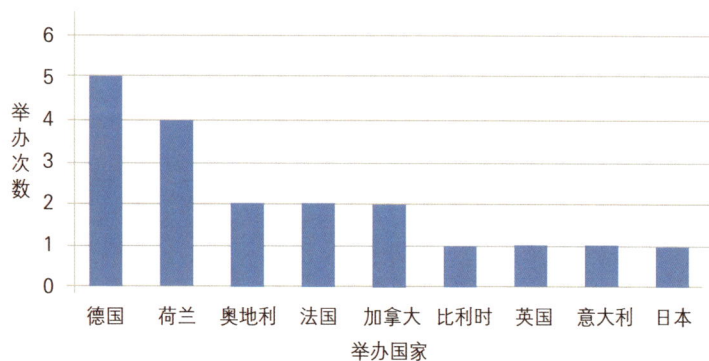

▲ 图 1-32　1999 年前世界园艺博览会举办国分布

▲ 图 1-33　1999 年以后世界园艺博览会举办国分布

▲ 图 1-34　1999 年昆明世界园艺博览会
图片来源：http://ynpeople.com.cn/a/kmpl

▲ 图 1-36　2010 年台北国际花卉博览会
图片来源：http://www.sophoto.com.cn/index

▲ 图 1-35　2006 年沈阳世界园艺博览会
图片来源：http://baijiahao.baidu.com

▲ 图 1-37　2011 年西安世界园艺博览会
图片来源：http://www.expo2011.cn/2012

▲ 图 1-38　2013 年锦州世界园艺博览会
图片来源：http://www.jz-sby.com/rdShow.asp?id=24355

▲ 图 1-39　2014 年青岛世界园艺博览会
图片来源：http://blog.sina.cn/dpool/blog/s

▲ 图 1-40　2016 年唐山世界园艺博览会
图片来源：http://news.sohu.com/20160428

2. 中国国际园林博览会

中国于 1997 年举办了第一届中国国际园林博览会，这是由建设部和地方政府共同举办的园林花卉界高层次盛会，是我国园林花卉行业层次最高、规模最大的国家性盛会。会期一般为 6 个月，室内外展示相结合；室外主要展示国内外造园艺术以及园林绿化新技术、新材料、新成果等；室内主要展示各类园林艺术作品、奇石、插花、盆景等。展会期间结合展会主题和行业发展需要，组织高层论坛、学术研讨、技术与商贸交流、特色文化艺术展示和展演等系列活动。

表 1-3　历届中国国际园林博览会

届次	举办城市	举办年份	举办地点	主　题
第一届	大连	1997	会展中心	—
第二届	南京	1998	玄武湖公园	城市与花卉——人与自然的和谐
第三届	上海	2000	浦东中央公园	绿都花海——人　城市　自然
第四届	广州	2001	珠江新城	生态人居环境——青山碧水蓝天花城
第五届	深圳	2004	深圳市国际园林花卉博览园	自然　家园　美好未来
第六届	厦门	2007	由九座岛和两座半岛组成	和谐共存，传承发展
第七届	济南	2009	济南国际园林花卉博览园	文化传承，科学发展
第八届	重庆	2011	北部新区龙景湖	园林，让城市更加美好
第九届	北京	2013	北京永定河畔	绿色交响，盛世园林
第十届	武汉	2015	金银湖（张公堤西段）	生态园博，绿色生活
第十一届	郑州	2017	郑州航空港经济综合实验区南水北调东南区域	引领绿色发展，传承华夏文明
第十二届	南宁	2018	顶蛳山区域	生态宜居，园林圆梦

▲ 图 1-41　第六届厦门中国国际园林博览会
图片来源：http://design.cila.cn/zuopin10363.html

▲ 图 1-42　第七届济南中国国际园林博览会
图片来源：http://www.zuowenzhai.com/yao-221207725.html

▲ 图 1-43　第八届重庆中国国际园林博览会
图片来源：http://pp.163.com/pidan389581638

▲ 图1-44 第九届北京中国国际园林博览会
图片来源：http://dp.pconline.com.cn/dphoto

▲ 图1-45 第十届武汉中国国际园林博览会
图片来源：http://akttechnology.webc.testwebsite.cn/honor_detail

此外，国家层面举办的类似盛会还有中国绿化博览会和中国花卉博览会。中国绿化博览会由中国全国绿化委员会和国家林业局主办，始办于2005年，每五年举办一次，目前举办了三届，是中国绿化领域组织层次最高的综合性盛会，也是我国生态文明建设成就展示的盛会。中国花卉博览会由国家林业局、

▲ 图1-46 第十一届郑州中国国际园林博览会
图片来源：http://news.takungpao.com/special

中国花卉协会和地方政府联合主办，始办于1987年，每四年举办一次，目前已经举办了八届，反映了中国源远流长的花卉文化，是中国规模最大、档次最高、影响最广的国家级花事盛会。

3. 省级园艺博览会

省级园艺博览会是各省、自治区政府为打造园林园艺展示平台、促进园林园艺科技文化交流、提升全省园林绿化和生态建设水平的重要举措。随着园林事业的发展和生态理念的深入人心，省级园博会方兴未艾，如广州于1994年开始举办园博会、山东省于2005年开始举办园博会、河北省于2012年开始举办园博会、广西壮族自治区于2011年开始举办园博会、湖北省于2016年开始举办园博会等。其中，江苏省园艺博览会省级园博会中举办时间较早，持续办会时间最长，取得成果最为丰硕，自2000年首届起至今已成功举办了10届。

（三）特征与趋势

1. 园博会的特征

● 战略性

战略性意味着园博会需要与城市发展战略和时代需求建立紧密的联系。由于大尺度的规模、综合性的社会效益以及较强的关注度和影响力，园博会能够将自身的发展与城市战略紧密结合，推动城市各级空间层面的更新与发展。以德国为例，初期的联邦园林展围绕战后城市重建，以修复城市绿地为主要目的；1961 年开始，联邦园林展的目标不再是清除战争破坏的痕迹，而是要创造优雅舒适的生活环境；从 1965 年汉堡举办的世界园艺博览会兼德国联邦园林展开始，园博会的举办目的更多朝向改善人类居住环境；20 世纪 70 年代末开始，由于相关部门对垃圾堆放场的管理不到位而带来的环境问题给德国政府和民众敲响警钟，联邦园林展则开始将生态修复作为举办的主要目的；随后，面对经济全球化和知识经济时代，城市发展理念不断转换。德国提出建设 21 世纪城市、城市营销、城市再生、城市创新、城市文化建设、城市战略规划等一系列城市发展理念，为园博会的发展提供更多视角，将文化载体和展示城市作为其主要的功能之一。

可以看出，园博会在保持园林园艺主题的同时，可以根据城市在不同历史阶段的更新需求而自我调整，例如德国。园博会的举办策略、选址、规划布局、运营机制只有与时代主题和社会需求紧密结合，才能实现其自身价值和对城市更新作用的最大化。

● 时代性

作为一个对公众开放的博览会，园博会的社会关注度高，

▲ 图 1-47　2011 年德国科布伦茨联邦园林展中的商业性蔬菜园将园艺与生活联系起来

图片来源：http://www.wendangwang.com/doc

影响范围广，受外界因素的影响也相对较大。所以，举办园博会需要把握住时代发展脉搏，顺应时代发展背景和社会需求导向，明确办会建园的战略方向。

首先，把握国家宏观政策。国家对园林园艺的发展理念伴随城市发展在不断完善，同时也在不同时期为园林绿化行业带来了不同的发展机遇。园博会通过理念创新、模式创新和技术创新等实践，将国家相关政策融入博览园的规划建设中，突出每届园博会的时代烙印。其次，顺应城镇化发展。园博会以城市规划为依据来确定博览园的选址和后续利用方向。最后，博览园的建设过程就是在不断践行行业最新发展理念的过程，博览园在规划建设过程中紧跟行业趋势，应用最新的前沿技术和创新成果，推动举办地绿化建设水平的提高。

▲ 图 1-48　第十一届郑州中国国际园林博览会践行行业前沿发展理念，将博览园打造成为海绵城市建设示范区
图片来源：http://k.sina.cn/

● 节事性

　　园博会具有很强的节事性。首先，园博会的举办具有时效性。其往往在一段特定时间内举办，开园期间为展会服务，会后则根据城市发展需求，转变为其他土地利用方式。其次，园博会可供公众参与。节事性活动中人的参与是不可或缺的，博览会本身的价值就在于信息的沟通与交流，也只有来自社会各界的人的广泛参与才能实现园博会的最大交流价值。园博会参与人群大致可分为两类：一类是相关行业人员，主要是指相关企事业单位和景观设计师等行业内部人员，他们为大众提供展示的内容；还有一类就是广泛的人民大众，他们作为参观者，实现了园博会作为信息交流与分享平台的价值。

▲ 图 1-49　唐山世界园艺博览会开幕式体现浓郁节事气氛
图片来源：http://www.gov.cn/xinwen/2016-04

▲ 图 1-50　2012 年荷兰芬洛芙萝莉雅蝶世界园艺博览会室内展馆为专业人员和大众提供信息交流与分享平台
图片来源：http://blog.sina.cn/dpool/blog/s

● 展示性

展示性是园博会的一个基本特性，园博会本身就是一个以园林园艺展示为主题的展示性活动，具体展示如下几方面内容：

（1）办会主题。每一届园博会都有各自的主题，主题构筑了园博会独特的场所精神，使信息的传播更加集中，也更有方向性和文化深度。这是让园博会具备凝聚力的前提，不仅让其有了自身的场所精神，更让其深入大众，具备社会影响力。

（2）园林艺术。园博会举办的目的就是鼓励设计师展示自己对园林艺术的理解，为游客呈现园林艺术的盛宴。与大多数园林景观设计的区别在于，园博会的主体，即城市展园在功能性方面的要求并不高，只要能够满足游览通行的功能即可，这样设计师就可以将更多的侧重点放在展园的艺术性表达上，使其艺术性更加突出。

（3）园林园艺技术。园林园艺先进技术也是园博会展示的一个亮点，从材料、施工、植物培育到技术研发，园博会为园林诸多相关产业提供了展示与交流的平台，这不仅反映了一个时代的技术发展水平，更是将园林技术带给了更广泛的大众。

● 可持续性

园博会作为一种"城市事件"，往往是城市实现区域快速发展的触媒点；加上其在选址、规划布局以及时间上的弹性特点，科学的后续利用能够使其在事件结束后较长时间内延续展会积极的触媒作用，引导其在会后对城市发展产生持续而积极的影响，带来相应级别的城市发展的和综合效益，实现可持续发展。具体表现在：有利于调整城市产业结构、带动周边区域更新和发展、完善和强化城市区域功能、重整城市空间结构等。

▲ 图1-51　西安世界园艺博览会创意馆内展示园林新技术与新材料
图片来源：http://roll.sohu.com/20110427

早期的博览园在会后以拆除、保留和改建等后续利用方式为主，但随着时代的进步，可持续利用日益被重视，如无特殊情况，完全拆除的方式将不再适用，现在多以保留为主。具体实施中，根据不同情况，主要有转变为城市公园、主题景区和综合开发利用三种后续利用方式。如2010年台北国际花卉博览会，会后成为花博公园，大部分展馆保留，原大佳河滨公园恢复为河滨公园；昆明世界园艺博览园，是世界上首个被完整保留的世界园艺博览会会址，会后由云南世博集团和昆明世博园股份有限公司接手，作为主题公园运营，为国家4A级景区；南京绿博园，会后成为城市节庆休闲公园，重点打造具有互动性、趣味性、休闲性的旅游产品，通过更多元的产品提升吸引力，因而会有更好的营利性。

▲ 图1-52　台北花博公园
图片来源：http://taipeicthouse.weebly.com/uploads

▲ 图1-53　会后南京绿博园的沙趣游乐区成为孩子们的游乐天堂
图片来源：http://bbs.zol.com.cn/dcbbs

2. 园博会的发展趋势

● 组织规范化

国际层面，国际展览局 BIE 和国际园艺生产者协会 AIPH 的成立使得园博会的组织更加正规和专业，保障其在各个环节能够顺利进行；国家层面，国家和地方持续办会的经验有助于举办国逐渐形成成熟的组织模式和标准化的管理制度，为园博会的申办、规划、建设、运营等一系列过程提供了有效管理和重要保障。

● 规模扩大化

随着园博会的发展，博览园呈现出规模日趋扩大的趋势，可容纳游客人数也日益增多。如 1984 年英国利物浦国际园林节，其博览园面积 50.58 公顷；1999 年昆明世界园艺博览会，其博览园面积为 218 公顷，参观人数达 950 万人次；2016 年唐山世界园艺博览会，其博览园核心区面积为 540 公顷，体验区 1720 公顷，参观人数达 1500 万人次以上。除室外展示空间的规模扩大外，室内展馆面积和参位也相应扩大和增多。

● 选址郊区化

博览园的选址在考虑因借自然之景的同时，还应综合考虑区域政治、经济、文化等发展情况。结合区域发展总体规划，选择适合的地点是园博会实现可持续发展的关键。随着城市发展，博览会选址有向城市外围拓展的趋势：一是城市外围地域广阔，水陆兼备，自然条件及生态资源优越，适合展示园林园艺；二是选择城市未来重点开发区域先行建园，有利于会后借助后续利用加速推进城市化进程、城市更新和新区建设；三是随着生态文明建设有序进行，特色田园乡村成为园林绿化行业的重要议题，选址于郊区有利于借助园博会这一园艺盛事突出

表 1-4　历届江苏省园艺博览会博览园选址与城市关系

举办年份	江苏省园艺博览会及选址	区位
2000	第一届江苏园博会——南京玄武湖公园	城市中心公园
2001	第二届江苏园博会——徐州云龙公园	
2003	第三届江苏园博会——常州中华恐龙园	城市新老结合部
2005	第四届江苏园博会——淮安钵池山公园	
2007	第五届江苏园博会——南通狼山风景区	
2009	第六届江苏园博会——泰州周山河街区园	城市新区
2011	第七届江苏园博会——宿迁湖滨新城	
2013	第八届江苏园博会——镇江扬中滨江新区	
2016	第九届江苏园博会——吴中区临湖镇	城市郊区
2018	第十届江苏园博会——仪征枣林湾生态园	

▲ 图 1-54　第八届江苏（镇江）园博会展示大江风貌
图片来源：https://zhidao.baidu.com/question

▲ 图 1-55　第九届江苏（苏州）园博会室外绿雕
图片来源：http://dp.pconline.com.cn/photo

乡野特色，保护生态环境，带动乡村振兴。

● 展示环境室外化

早期园博会以室内布展为主，并充分利用现有公园和建筑；后渐渐发展为室内与室外并存；到现在为满足园博会日益丰富多样的展示内容和人们的活动需求，实现技术与园林景点建设的有机结合，园博会以室外景观规划建设和展示为主，其功能也从单纯的产品展示转变为综合性城市活动，休闲娱乐功能越来越受到重视。为此，园博会在发展中不断优化和提升博览园的室外空间层次，从早期相对平坦到现在有山有水的景观资源、起伏复杂的地形环境和层次丰富季相明显的植物景观，为参观者带来了更为丰富的空间层次和多变的景观体验。

● 展示内涵丰富化

从展示方式上看，在全球化和经济一体化的背景下，园博会在展示科学技术成就的同时，越来越注重促进国际和国内城市间的交流与合作，因此展示方式趋于多样化，如学术研讨、商贸交流、园艺科普和园艺课堂等互动活动。同时，越来越多的园博会还邀请其他国家、城市以及知名企业参与，出现了企业馆、主题馆、联合国家馆等特色展馆，国际展园、友城展园、企业展园等特殊展园，以及不同主题的特色植物展园，如岩生植物园、沙生植物园和湿生植物园等。为国与国，城市与城市之间的园林园艺交流提供了一个多元化的平台。

从展示主题上看，早期园博会鲜有办会主题，从21世纪开始，园博会的主题成为其展示内容的重要主线和要传播精神的高度提炼。随着人们生活水平的提高和对美好生活的向往越发强烈，各国正加大对环境保护和人居环境的投入，努力实现可持续发展，以环境保护、可持续发展等为主题的园博会开始发展起来。园博会主题关键词也从早期的花、绿地、自然，发展到现在的生态、绿色、城市、生活、地球、家园，想要展示的内容和表达的主题越来越丰富和与时俱进。

从技术层面上看，早期园博会的展示内容以园林花卉常规生产技术、园林产品、园林施工机械、园林施工材料等为主。到了后期，园博会在展示内容上越来越突出与生态环境相关的焦点热点问题以及行业内前沿的技术成果，例如屋顶花园技术、温控技术、垂直绿化、太阳能技术、节水、节电等节约型技术，以及海绵城市、城市双修等生态治理和修复方法。

▲ 图1-56　第九届江苏（苏州）园博会新型木结构馆内的室内香山帮技艺展示
图片来源：江苏省住房和城市建设厅 . 筑梦 · 匠心 · 造园：
江苏省园艺博览会实践与创新 [M]. 南京：
东南大学出版社，2018:147

第二章

2 博之"承"

　　江苏是长江中下游古代文明的摇篮，历史悠久，文化积淀深厚，孕育了璀璨的园林文化。江苏古典园林集中了江南园林的精华，是江南园林的典型代表，在全国乃至国际上都具有重要地位和广泛影响力。21 世纪以来，以江苏园博会为代表的江苏园林实践在继承古典园林的基础上不断拓展内涵，创新造园，得到了很大的发展。理论上拓展了传统造园艺术的科学性，实践中强调了园林的综合效应，突破了传统的审美标准，营造了一批批具有时代气息的新园林，为江苏园林行业的发展、城市绿化建设水平的提升和全省人居环境的改善做出了巨大贡献。

一、江苏园博概况

江苏秉承优良的园林传统，积极探索，开拓创新，勇于实践，自 2000 年首次举办园博会以来，已连续举办了十届，开创了省级园艺博览会的先河，并从单一功能的展会发展成为国内规模最大、持续时间最长和最具影响力的地方园林园艺盛会，形成了靓丽的"园博"品牌，在全国产生了积极影响。

（一）办会缘起

1999 年，中国在"春城"昆明首次举办世界园艺博览会，主题为"人与自然——迈向 21 世纪"，69 个国家和 26 个国际组织参加了本届世会，其中 84 个国家和国际组织参加了室内展出，35 个国家和国际组织建造了 34 个室外展园，51 个国家和国际组织举办了馆日活动；全国 31 个省、市、自治区以及香港特别行政区、澳门地区和台湾民间组织均受邀参展。江苏省政府受邀参加昆明世界园艺博览会，建设了景点"东吴小筑"，其占地面积 1580 平方米，以苏州古典园林文化为主题，通过曲廊水榭、小桥流水等实物造景，配以楹联题额，突出典型苏州园林的风韵，使人们感受到中国传统园林的文化内涵和深远的美学意义，领略苏州古典园林的风采，获得了专家领导和广大游客的肯定，取得了积极成果，这为后来中国以及各省市举办世博会、园博会积累了宝贵经验，树立了信心。

受昆明世界园艺博览会的启发，江苏省政府决定开始举办江苏省园艺博览会，以期进一步发挥江苏省园林园艺的优势，不断探索创新，提高江苏园林园艺事业的整体水平，促进园林园艺产业和旅游产业的发展。在此背景下，第一届江苏省园艺

博览会于 2000 年 9 月在南京市玄武湖公园成功举办，主题为"绿满江苏"。其后，江苏省园艺博览会持续在不同城市举办。

▲ 图 2-1　1999 年昆明世界园艺博览会东吴小筑
图片来源：http://www.photo.cn/show

▲ 图 2-2　第一届江苏省（南京）园博会博览园——南京玄武湖公园（翠洲）
图片来源：http://jiangsu.sina.cn/news

（二）办会特征

1. 办会宗旨

江苏省园艺博览会秉承"交流、示范、探索、创新"的办会宗旨，对引领全省园林园艺事业健康发展发挥了积极的作用。

江苏省园艺博览会的办会宗旨是其始终保持旺盛生命力的根本所在。在没有可套用的现成模式，也没有强力的政策支持的情况下，正是致力广泛交流、多方合作，靠着开放的思路、开阔的视野、开拓的魄力，广泛吸纳优秀资源，江苏省园博会才实现了会展品牌的外延拓展和内涵提升。各届园博会不搞风格相似的园林复制，而是通过竞赛设奖等措施，鼓励大胆探索创新，不断优化规划设计，积极运用现代造园手法，使园博会成为江苏省城市园林绿化建设的新典范和风向标。

2. 组织方式

江苏省园艺博览会是由江苏省人民政府主办，省住房和城乡建设厅、农委和承办城市人民政府共同承办，其他 12 个省辖市人民政府协办的省级园艺盛会。

为加强对园博会筹备工作的组织协调，江苏省人民政府专门成立了省园艺博览会组织委员会，分管副省长任主任，分管省政府副秘书长、省住房和城乡建设厅厅长、省农委主任、承办城市市长任副主任，成员有省有关部门及 13 个城市人民政府。组委会办公室设在省住房和城乡建设厅，具体负责博览园建设、专题展览及各项园事花事活动的组织工作。各市按照组委会统一部署，成立相应的组织机构，协调有关部门共同做好本市的参展工作。

根据每届园博会具体情况，省政府批准实施《江苏省园艺博览会总体方案》，内容包括园博会总体要求、主题、举办时间、博览园建设要求、主要活动安排、参展方式、评奖办法、组织机构（省园艺博览会组委会及办公室）、筹备工作分工等方面。

3. 申办程序

每一届园博会在闭幕前，确定下届园博会承办城市。首先由申办城市政府向江苏省住房和城乡建设厅提出申请，并提交有关申办材料；然后由江苏省住房和城乡建设厅根据申办条件，对申办城市报送的申办材料进行初审，并组织专家对申办方案进行论证，通过专家、13 个城市代表和承办单位代表投票对申办候选城市进行遴选；最后由江苏省住房和城乡建设厅将初审意见报送省政府，由省政府审查确定承办城市并正式公布。

4. 办会内容

江苏省园艺博览会主要包括室外园林艺术展和室内专题展（园事花事活动）两个部分。室外部分主要规划建设园艺博览园，展示现代造园艺术以及园林绿化新技术、新材料、新成果等；室内部分主要在主场馆及相关展馆举办各项园林园艺专题展，包括插花、盆景、赏石、根雕、花卉花艺、书画及摄影作品等，结合展会主题和行业发展需要，组织高层论坛、学术研讨、技术与商贸交流、文化艺术展示展演等系列活动。

（三）发展历程

江苏省园艺博览会的发展呼应了中国快速城镇化的过程，经历了起步、探索、发展、转型四个阶段，形成了独特的造园主张，探索了新的办会思路，引领了行业的发展，促进了美好城乡的建设。

1. 起步阶段

以第一届江苏省园艺博览会为典型代表，举办时间为2000年。当时正值园林行业迅速发展的时期，中国（国际）园林博览会已举办两届，江苏省举办省级园博会是初次尝试。首届江苏省园艺博览会选址在南京市玄武湖翠洲，节事性特征明显，以宣传活动、花卉花艺展示、学术交流为主要功能。博览园依托现有公园场地进行改造提升，侧重于展园和景点的营造，城市展园面积在几百至1000平方米左右，多通过小品、叠石、植物摆放等方式表现主题，以宣传环保理念、展示各城市自然人文特征。

▲ 图2-3　第一届江苏省（南京）园博会城市展园

2. 探索阶段

以第二、三、四届江苏省园博会为代表，时间为2001年

至2005年。经过第一届的尝试，江苏省园博会受到了广泛的关注和肯定，加上各市积极热情的参与，使得园博会快速发展，逐渐成为功能综合的地方盛会。这一时期，博览园选址逐渐独立，面积逐渐增大，运营管理逐步成熟，与城市关系更为密切，且融入了当时先进的造园理念，在园林艺术领域进行了深入探索，取得了很大成就。经过这三届的探索，江苏省园艺博览会已经初步形成了独立、完善的办会、运营体系和系统、完整的博览园规划体系。

▲ 图2-4　第四届江苏省（淮安）园博会博览园

3. 发展阶段

以第五、六、七届江苏省园博会为代表，时间为2007年至2011年。这一时期，园博会运营、规划体系不断完善，更注

重与城市、市民、自然、文化关系的协调，进一步提升了城市生态和游憩品质，带动了城市发展。博览园规划更注重结合当地自然、文化特征，突出展示功能创新和新品种、新材料、新技术、新工艺的运用，发挥了对全省园林园艺行业的引领示范作用。

▲ 图 2-6　第九届江苏省（苏州）园博会博览园

▲ 图 2-5　第六届江苏省（泰州）园博会博览园

4. 转型阶段

以第八、九、十届江苏省园艺博览会为代表，时间为 2012 年及以后。这一时期，江苏省园博会经过十多年的经验积累，逐步成熟，并在此基础上践行生态文明理念，发挥园博会的综合效益，形成以"自然生态"为核心、以"资源整合"为手段、以"品质提升"为目标、以"开拓创新"为理念、以"以人为本"为原则的办会思想，体现出专业性与群众性的结合、艺术性与示范性的结合，有效促进了举办城市的基础设施完善和居民生活质量的提高，大大改善了人居环境。

二、江苏园博效应

江苏省园艺博览会始终坚持以传承文化、彰显特色、树立品牌、放大效益来保持其活力与生命力，发挥了以点带面的效应，归纳起来看，江苏省园博会已经成为展示现代园林园艺发展成果、推广绿色科技的重要窗口，成为优化城市环境、提升城市品质的重要载体，成为推动园林绿化建设、生态建设和人居环境建设的重要抓手，成为拉动园林规划建设、园艺花卉苗木、现代休闲旅游等行业发展的重要引擎，成为丰富群众精神文化生活、为百姓传递绿色健康理念的舞台。

（一）展示园林园艺的窗口

作为全省园林园艺行业最高水平的盛会，江苏省园博会全面展示了现代园林园艺发展成果和绿色科技水平，充分体现新品种、新材料、新工艺、新技术在园林绿化中的作用，积极探索现代园林建设方式，有力促进了全省园林园艺整体水平的提升，保持江苏省城市绿化水平走在全国前列。

1. 促进行业交流，扩大行业影响

江苏省园艺博览会是行业交流的良好平台，通过举办高层次园林园艺科技论坛，开展深入学术研讨和交流，园博会成为运用和示范现代园林科技的平台；更通过这个平台的打造，将国内外园林园艺大师聚集一堂，广泛邀请国内外城市、企业和个人参展参建，促进行业交流与信息共享。

江苏省园艺博览会的举办扩大了行业的影响力，引起社会各界的关注。如第二届（徐州）园博会在筹办过程中园博专题网页点击次数达1.8万次。第四届（淮安）园博会举办了彰显水文化的主题活动，并将传统活动向精品活动转化，拓展了会展活动内容和空间，吸引了农林、邮电、体育等多行业多部门的参与，使得园博会的活动空间和影响力得到进一步扩大。

2. 传承传统技艺，提升造园水平

江苏省园艺博览会在总体规划设计上，强调尊重地域特征，彰显个性特色，不断推陈出新，使园林艺术得以传承发展。每一届园博会不搞风格相似的园林复制，而是探索传统园林艺术和现代园林的结合，展现丰富的现代造景新形式与新手法，并且通过竞赛设奖等措施，鼓励大胆创新创造，引领行业发展。

园博会的实践极大推进了地方行业的发展，特别是使得一些原先基础较差城市的园林绿化建设能力和水平得到明显提升。同时，园博会的举办也推进了江苏省园林绿化行业的发展，通过园博会的大舞台，各个城市在建园办展的过程中都锻炼了园

林实践队伍，建立起以监督为基础，一般管理人员、专业技术人员直至质监部门参与的严密的质量保障体系，使参与到博览园建设的施工企业的水平也得到快速提高，带动了全省园林建设水平的提升。

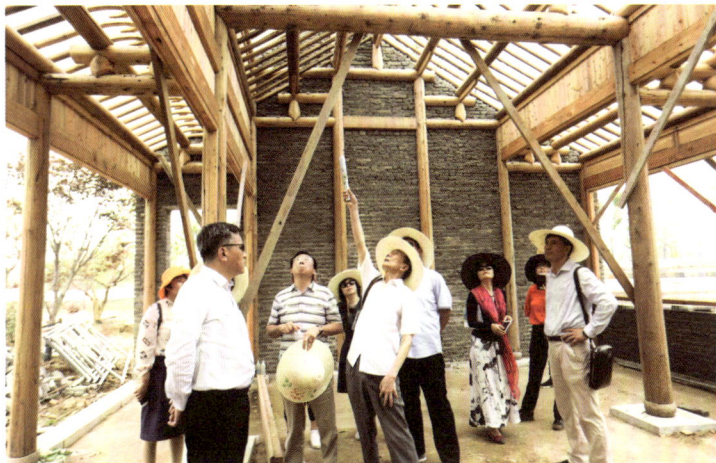

▲ 图2-7 专家现场指导园博会博览园建设

3. 推动技术发展，加速成果转化

每一届园博会都是最新园林科技成果运用的实验田，许多成果通过在园博会中的成功运用，在园林绿化行业中推广开来，传承下来。如第六届（泰州）园博会的主体建筑推广并应用了地热、太阳能、风能等节能技术；第八届（镇江）园博会引入数百种园艺植物新品种，园林小品及配套设施应用了软性钢管新材料营造自然景观风貌；第九届（苏州）园博会应用了生态透水混凝土、透水路面、屋顶绿化技术、特色观赏草等新技术和新品种，广泛运用新的绿色科技成果，并成功加以推广。

▲ 图 2-9　第六届（泰州）园博会保留大量原有乡土植物

博览园的建设还促进了参建方与相关科研机构的合作，加速科研成果转化运用。如通过与乡土适生植物相关科研机构的合作，加强了对适生植物品种的选育、推广种植工作，使得第四届（淮安）博览园成为适生植物及宿根自衍花卉的推广基地；第八届（镇江）园博会通过与澳大利亚莫奈什大学合作，在博览园中应用了低影响开发技术（LID），与湿地景观结合，成为一处亮点。

▲ 图 2-8　第四届（淮安）园博会运用大量宿根、自衍花卉

（二）提升城市品质的载体

　　风景园林作为城市基础设施的重要组成部分，是优化城市环境、彰显城市特色的重要元素。每一届园博会，除了给举办城市带来园林绿地面积的增加、城市环境面貌的改善外，更为举办城市留下一个高品质、永久性的城市公园，成为城市建设的一大亮点。不仅如此，博览园的建设对拉动新城区的开发、促进区域发展、提升城市形象发挥了积极作用。

1. 丰富城市绿地空间，提高城市环境品质

　　据统计，十届江苏省园艺博览会共为承办城市留下了总规模达8平方公里的大型公园绿地，其意义不仅仅在于为期一个月的园林园艺展，更重要的是为城市留下了一座环境优美、品质精良、空间丰富、充满活力的城市公园，并通过博览园的建设推进城市公园免费开放，充分发挥公园绿地改善生态、休闲健身、传承文化、科普教育、防灾避险等综合功能。

　　在自然生态理念指导下，园博会已逐渐成为各主办城市提升环境品质的重要抓手。如第二届（徐州）园博会，通过对云龙公园进行景观环境整体优化与设施配套，首次尝试老旧公园改造与提档升级的新途径：对城市进行全面环境整治，对全市主次干道进行提档升级，对各大商场、公园、车站、宾馆等公共空间进行整治与更新，以优美的环境、优良的秩序、优质的服务得到了广大市民和游客的肯定和称赞，扩大了徐州的知名度。选址于淮安新城区中心的第四届（淮安）园博会博览园（钵池山公园），会展后作为向大众开放的公园，为居民增加了一片大型公共绿地，提升了淮安新城的整体环境品质。

▲ 图 2-10　第四届（淮安）园博会博览园建成后丰富了城市绿地空间

▲ 图 2-11　第二届（徐州）园博会云龙公园加速了城市更新步伐

2. 加快城乡更新步伐，提升城市整体形象

园博会的举办不仅带动了城市发展建设，而且弘扬了承办城市的传统文化，展示了当地民俗特色，展现了城市风貌，提升了参展城市的知名度与美誉度，对提升城市形象、促进城市发展有着至关重要的作用。

第四届（淮安）园博会借着园博会契机，关停砖瓦砂石企业，对区域原来杂草丛生、污水横流的低洼地块进行整合改造，大力整治全市环境。第六届（泰州）园博会带动周山河街区乃至泰州新城区的开发建设，新增公共绿色空间，提升环境与景观品质，把一个相对杂乱的农村聚居地建设为具有浓厚现代气息的城市街区，成为泰州市继引江河、凤城河之后的第三大景区。第九届（苏州）园博会通过基地内自然村落的保留，将庭院绿化作品展植入当地居民生活空间，改善了村落环境。

▲ 图2-13 第六届（泰州）园博会为城市新增大量公共绿地并带动了城市建设升级

▲ 图2-12 第四届（淮安）园博会提升了周边环境的整体风貌

▲ 图2-14 第九届（苏州）园博会保留、整合原有村落建设美丽乡村

园博会的举办引起社会各界的高度关注，成为塑造城市形象的重要媒介。如在第二届（徐州）园博会举办过程中，徐州将博览园打造成为一张城市名片，不仅为游客展示了一个花团锦簇的博览园，更展示了一个面貌全新、欣欣向荣的新徐州。第四届（淮安）园博会对园博形象进行了专业的 VI 设计，第七届（宿迁）园博会还结合主办城市、参展城市设计了系列园博纪念邮票，对提升主办城市的整体形象起到了至关重要的作用。

（三）改善人居环境的抓手

历届园博会都倡导人、自然、环境和时代互相融合发展。在园博会的实践过程中，人居生态环境建设贯穿始终。

1. 推广自然生态理念，引领生态建设热潮

江苏省园博会创办伊始即提出了"自然生态"的规划建设理念，历届园博会始终将自然生态理念贯穿于办会实践过程中，强调保护与改善人居环境、协调人与自然关系、促进社会和谐的发展观。第八届（镇江）园博会，充分发挥博览园毗邻长江的区位优势，建设大型滨江湿地生态园林，为江苏省滨水地区生态修复与景观营造探索了新路径；第十届（扬州）园博会举办地仪征拿出占市域面积四分之一（68 平方公里）的枣林湾生态园区为生态"留白"，为广大市民留下一片好山好水，为仪征提供了升级绿色产业、释放生态红利的大好时机。

▲ 图 2-15　园博会系列纪念品

▲ 图 2-16　第十届（扬州）园博会枣林湾生态园为生态留白区域

同时，园博会引领生态建设热潮，带动了一批城市公园在建设过程中贯彻实施生态理念。例如南通如皋龙游河生态公园，顺应场地地势，践行低碳建设理念，倡导通过生态修复，提升公园空间品质，注重海绵型公园建设。在成功解决龙游河水体滞流、富氧能力差、淤积严重、腐烂黑臭等现象，减少龙游河水体污染源等问题的基础上，将生态公园与龙游湖风景区、主城区内外城河等城市水体融会贯通，增强了内外城河生态调节功能，确保了水系连通融合，构建了"南引北排"的水系格局，使城市水系得以循环流动，切实改善了城市水体环境质量。

▲ 图 2-18　第六届（泰州）园博会博览园成为城市绿核

▲ 图 2-17　南通如皋龙游河生态公园修复前后对比

2. 推进绿色基础设施建设，完善城市绿地系统

风景园林作为城市基础设施的重要组成部分，是优化城市环境、彰显城市特色的重要元素。园博会在生态基底保护的基础上，尊重自然山水脉络，为城市提供弹性生态空间。强化城市绿地与城市外围山水林田湖等各类生态空间的衔接，将自然要素引入城市，构建城乡一体、内外有机联系的绿地生态系统。

如徐州借力园博会举办，完善绿地系统构建，以国家园林城市为标准对全市的园林绿化工作提出新要求，对徐州创建现

▲ 图 2-19　第五届（南通）园博会拓展了狼山风景名胜区生态绿地与空间

代化生态园林城市和国家园林城市起到了强有力的推动作用。泰州将博览园选址于城市新区，强化核心绿地功能，提供多样化绿地空间，不仅促进了新城区建设，提升了城市品位，也为泰州创建国家园林城市创造了积极条件。

▲ 图 2-21 第九届（苏州）园博会海绵技术示范

3. 推行节约型绿化机制，提升绿地环境效益

　　江苏省园博会始终推行节约型绿化机制，把生态低碳技术、乡土特色塑造、节能材料运用融入博览园建设，如科学布局草坪、广场，避免大水景、大喷泉，避免滥用名贵植物和高档石材，提倡并推广资源循环利用，降低建造及养护成本。如第六届（泰州）园博会会展中心利用太阳能技术，在屋顶设置太阳能板，利用太阳能发电并提供给展馆使用；会展中心的空调系统利用了地源热泵技术，利用地能集中供暖；水岸护坡、停车场采用了生态草格、透水混凝土材料等，既起到了承重护坡的功能，又达到了生态节约的效果；园区灌溉系统利用自身水体作为水源，采用喷灌、滴灌、微灌等技术，做到合理、节约使用场地资源。第八届（镇江）园博会在博览园专门规划了湿生植物展示区，集中展示湿生植物新品种，探索湿地生态景观建设新模式，各个展园的设计方案充分利用滨江傍水的立地条件，营造生态节约型园林景观特色。

▲ 图 2-22 第六届（宿迁）园博会大量融入低影响开发理念

　　此外，园博会也通过生态理念的践行，减少绿地建设成本，提升绿地环境效益。如第九届（苏州）园博会最大限度保留了原有主要河流、湿地和沟渠等水生态敏感区，结合生态边沟、雨水花园、集雨型绿地的设计，通过雨水收集、管理等一系列循环利用措施，营造了约500亩的水域，创造了超过50万立方米的蓄水能力，将节约型园林绿化、海绵城市各项技术应用起来，提升了博览园的生态环境效益。

▲ 图 2-20 第六届（泰州）园博会利用生态护坡构建的湿地片区

（四）拉动产业发展的引擎

园博会的举办，不仅使与园林相关的花卉产业、园林设计及设备等配套产业实现可观的增长，而且有效带动了旅游业和现代服务业的发展，加速了休闲娱乐、高端会展、文化旅游等特色产业体系的构建。园博搭台，经济唱戏，举办城市通过举办一系列文化、商贸活动，实现以园办会、以会兴业、以业富民，为城市经济发展注入了新的活力。

1. 促进基础设施改善，带动片区土地增值

园博会的举办能为当地基础设施网络改善提供重要的推力，将原本死气沉沉的城市地块变成极具地方特色的园林景观集中地，促进举办地周边区域文旅设施、交通停车系统及食宿配套等服务设施的完善，带动当地的发展。如泰州市通过博览园建设带动了周边交通、旅游、餐饮、娱乐等行业的发展；扬州仪征通过博览园的建设推进了 328 国道改扩建工程、G40 枣林湾互通等工程的建设。

博览园建设与周边地区的基础设施完善、配套设施提升，都直接带动了周边土地大幅度增值，推动了城市更新改造与新城开发建设。如第六届（泰州）园博会的选址地点，2009 年周边地价仅每亩 500 万元，经过园博会带动，2018 年土地价格已经上涨到了每亩 1000 万元。

2. 促进产业发展转型，带动相关产业发展

园博会的举办对于促进园林园艺相关产业发展转型以及带动举办城市周边休闲产业、娱乐产业的发展有着积极作用。

江苏省园博会大力推介新工艺、新产品，培育引导花木园

▲ 图 2-23　第六届（泰州）园博会改善了城市基础设施条件

艺消费潮流，促使产业链在上下游延展，推动园博活动向消费终端延伸，有效促进了园林园艺行业发展。如第六届（泰州）园博会推出自衍花卉，由于其适应性较强，栽培管理简单，能延续自繁，已成为省内外园林绿化应用的畅销品种，拉动了上游花木产业的发展。

此外，江苏省园博会还有效带动了旅游业和现代服务业发展，为城市经济发展注入新的活力。以第七届（宿迁）园博会为例，园博会的举办使城市发展形态趋于成熟，大大拉动了宿迁旅游业的发展，开幕期间博览园游园人数超过 110 万人次，其中外地游客达到近 25 万人次。"十一"黄金周游客突破 60 万人次，是宿迁建市以来单个景点在黄金周期间达到的最高人次，黄金周旅游业收入达到 15.3 亿元，是上一年同期的 2.5 倍。同时，会展闭幕后，博览园主会场更名为湖滨公园，利用原有主展馆等设施，改造建设了湖滨浴场、嬉戏谷动漫王国、中国水城—欢乐岛等项目，充分利用博览园良好的自然景观条件，把湖滨公园打造成度假休闲类主题公园、国家 AAAA 级旅游景区、省级森林公园、省级自驾游基地，成为宿迁旅游新名片，推动了园博产业成功转型。闭幕后的博览园（湖滨公园）历年游客量总数呈上升趋势，截至 2018 年上半年，湖滨公园游客量总计 433 万人次，对旅游业的带动趋势日渐明显。

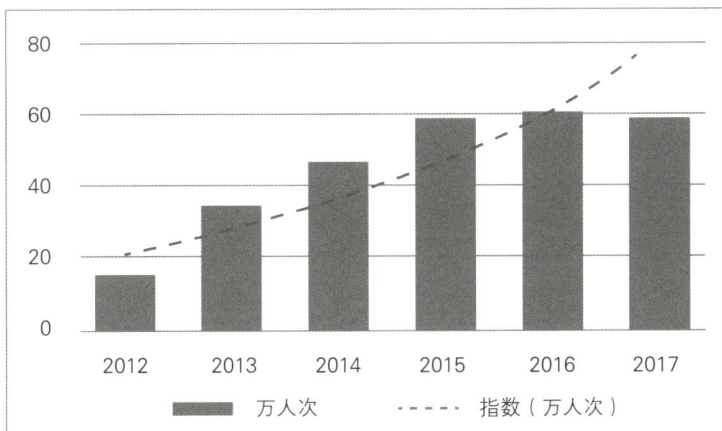

▲ 图2-24 第七届（宿迁）园博会会后游客量

▲ 图2-26 第九届（苏州）园博会博览园已成为环太湖旅游带上的重要节点

▲ 图2-25 第七届（宿迁）园博会博览园成为宿迁旅游的新名片

又如第九届（苏州）园博会成功为环太湖旅游产业转型提供了发展引擎。苏州以园博会为契机，提升旅游度假配套服务功能和设施，通过后期运营，将博览园及周边打造成为以旅游度假区为载体，集主题康养、无动力乐园、温泉康养、非遗户外拓展等亲子、互动、休闲功能为一体的旅游产业综合体，在提升自身核心吸引力的同时还带动了周边的发展，形成了产业互补的转型机制。

（五）丰富百姓生活的舞台

传统园林大多地处深宅大院，远离普通百姓。博览园的建设则是在开放的空间塑造新的生态系统，面向全社会展示园林艺术精华，使园林园艺成为服务大众的公共艺术，为广大群众带来看得见、摸得着、享受得到的实惠。

1. 传递绿色健康理念，提供多彩园事活动

每届园博会都把普及园林知识、传承人文精神、传播现代文明作为重要内容，让更多的市民了解园博、支持园博、参与园博。经常性举办花事园艺活动，引导花卉进入千家万户，引导居民开展庭院、阳台、露台绿化美化，发挥园林园艺在扮美城市生活、提高全社会审美能力方面的积极作用，以更多的园林园艺产品为大众熟知和接受，成为市民消费新趋势、品质生活新元素。

园博会主张的尊重自然、顺应自然、师法自然的建设理念，

由园博会延伸到园林绿地建设，更延伸到对城市山水资源的保护。推崇低影响的景观开发，通过绿色屋顶、海绵技术、垂直绿化等生态技术，向百姓科普节约发展的环保理念。游园观展的过程，不仅是优美环境的视觉享受和健康环保理念的科普，更是绿色理念的身心洗礼。

▲ 图2-27 市民在博览园中享受绿色空间

各届园博会在会展期间都通过组织丰富的花事园事活动丰富百姓生活，普及园林园艺知识，如插花、盆景、赏石、书画、摄影、阳台花卉花艺等，以轻松愉快的方式传播园林园艺知识，让百姓接受园林园艺文化的熏陶与浸润。

会展期间的园艺讲堂、花卉花艺、阳台园艺展览等活动也十分精彩，为丰富市民园林园艺知识以及园林园艺走进百姓家中提供了样本。如第十届（扬州）园博会精心组织了名为"园艺开讲啦"的公益巡演活动，讲演活动邀请园林园艺大咖，为大家解读园博，弘扬传统园林园艺技艺。第二届（徐州）园博会园艺精品展和龙舟邀请赛接待游客18万人次，热闹非凡。第

九届（苏州）园博会结合民居出新改造规划了庭院绿化展区，建设布置不同风格的样本庭院和示范阳台，使园林园艺真正植入了百姓生活。

▲ 图2-28 第十届（扬州）园博会系列活动

2. 推广园林园艺活动，打造多彩生活乐园

丰富的活动不仅在园博会期间举办，不少活动更是从会展开始到会后持续进行，有些活动甚至从十几年前一直延续至今。博览园中环境优美，是百姓日常健身、会客、休闲的好去处，博览园内还不时举办精彩纷呈的各类活动，大大丰富了百姓的业余生活。

第六届（泰州）园博会博览园，会后更名为天德湖公园，逢节假日就结合传统节日举办各类活动，如画展、奇石展、摄影展、插花比赛等。如春节期间举办大型灯展，端午举办"我们的端午、我们的节日"，七夕举办"七夕水上狂欢节"和为期一个月的"水上乐翻天"等亲民惠民的民俗活动及表演，极大地丰富了市民的文化生活。

第三章

3 博之"转"

博览园的规划、建设包含很多内容，但最核心的可以概括为选址、立意、模式、章法、特色、创新六个主要方面。其中，选址是开展一切工作的前提，立意是博览园所依附的灵魂，模式是博览园规划、建设、运营的基本范式，章法是布局、营造的基本方法，特色是博览园规划、建设的基本要求，创新则是博览园保持活力的源泉。这六个方面相互关联，是一个有机整体，需要用系统的眼光去看待其相互关系和作用，不能偏重其中个别因素而忽视其他。

一、选址与立意

一般来说，在城市初步确定申办会展之时可以先进行内部商议与策划，确定办园理念、思路和目标等，然后基于此进行选址。但有时当城市对自身区域发展格局早已清晰的情况下，也可能在决定申办之前已经初步考虑好了选址。当然，选址的最终确定还是应该基于科学的分析，而不是简单拍脑袋决定，因此，不管哪种情况，博览园的选址规划是后续一切工作的前提，也是进入实质性阶段的第一步。

明代造园家计成早在《园冶》一书中就指出，"相地合宜，构园得体"，选址的优劣很大程度上决定了项目的特色、建设的难易和后续利用等问题。选址的影响因素很多，一般主要包括区域经济发展现状、基地与建成区的关系、基地后续发展需求、场地地形与生态条件、基地周边交通和配套设施条件、客源条件与总体投资预算等主要因素。笼统来讲，选址的要素主要体现在三个方面：一是地理区位，它直接决定了基地与周边城市空间的关系，决定了项目的交通和配套条件、区域经济发展状况等先决条件，正如围棋的第一步落子，十分关键；二是场地特征，基地的地形地貌、土壤地质、林田河网、周边环境等均构成了后续规划、建设的基础条件；三是资源要素，它不仅包括基地内的自然资源要素，也包括基地外的风景资源、旅游资源、配套设施等支撑条件。

古人不论书法或绘画，都强调"意在笔先"。构园与书画同理，应强调立意在先，确立主题、理念和目标，再行下笔布局。主题是园博会规划、建设和对外宣传的要旨，博览园所有规划、建设和活动安排均应围绕主题展开。因此，园博会主题的选定也至关重要，它既要呼应时代要求、顺应城市发展需求，也要回应社会大众诉求，从而展现园博会的特色。

（一）选址要素

1. 宏观区位

园博会的选址需要综合考虑承办城市的社会、经济、文化发展状况和城市未来的发展方向，合理的选址是博览园未来实现可持续发展的关键。从江苏省历届园博会选址与城市的区位关系可以看出，随着城镇化的不断推进，城市的不断扩张，博览园的选址也在不断发生变化，从城市中心区到城市新老结合部，再到城市新区、城市郊区，其选址区位与城市发展方向、城镇化进程、城市重要产业布局等密切相关。总而言之，在博览园建设巨大的资源投入之下，选址的根本目的就是希望通过园博会的举办，为城市未来发展带来最大的综合性结构效应。

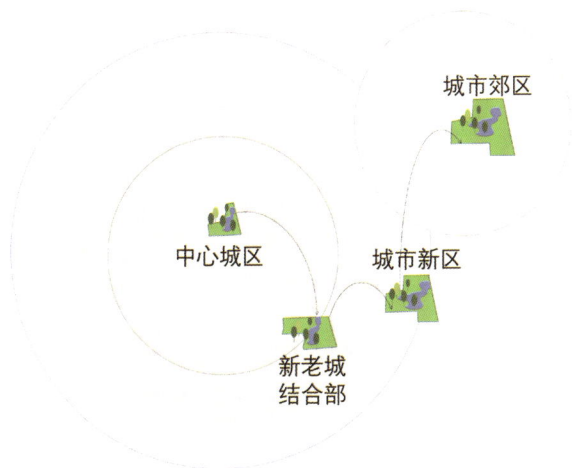

▲ 图 3-1 博览园选址与城市关系变化图示

表 3-1　江苏省历届园博会选址区位

举办城市	举办年份	举办地点	宏观区位
南京	2000	玄武湖公园	城市中心公园
徐州	2001	云龙湖公园	城市中心公园
常州	2003	恐龙园	城市新老结合部
淮安	2005	钵池山公园	城市新老结合部
南通	2007	狼山景区内	城市新老结合部
泰州	2009	周山河街区	城市新区
宿迁	2011	湖滨新城	城市新区
镇江扬中	2013	滨江新区	城市新区
苏州吴中	2016	吴中临湖镇	城市郊区、区县
扬州仪征	2019	仪征枣林湾	城市郊区、区县

　　除了宏观区位中选址与城市发展之间的关系，区域交通条件也是前期重要的考量因素，因为可达性是开展任何大型活动的基本前提。选址周边城市的路网密度、对外交通枢纽、高速公路等快速路网、市区公共交通及最后的换乘距离等都是重要的影响因素。

2. 场地特征

　　除了区位，博览园选址自身的基地特征往往也是打造园博会特色的重要因素，例如基地独特的地形地貌、植物景观、水网特色、建筑特色等都能成为博览园规划设计的独特语言，甚至基地原有特殊用途如城市废弃地、垃圾填埋场、采石宕口等选址也能成为具有特殊意义的园博会题材，毕竟园博会不仅是一个园林园艺的展会，也是引领城市生态文明建设的一个重要示范。

　　综合江苏省历届园博会情况来看，博览园的场地利用方式主要有三类：一是择址新建；二是在原有公共场地如废弃地上拓建；三是整合现有用地和资源进行改造。

表 3-2　历届园博会选址场地特征

届次	举办城市	举办年份	举办地点	场地特征
第一届	南京	2000	玄武湖公园	改造
第二届	徐州	2001	云龙湖公园	改造
第三届	常州	2003	恐龙园	拓建
第四届	淮安	2005	钵池山公园	拓建
第五届	南通	2007	狼山景区内	拓建
第六届	泰州	2009	周山河街区	新建
第七届	宿迁	2011	湖滨新城	新建
第八届	镇江扬中	2013	滨江新区	新建
第九届	苏州吴中	2016	吴中临湖镇	新建
第十届	扬州仪征	2019	仪征枣林湾	新建

3. 资源要素

　　这里所说的资源要素既包含了选址基地内的资源，也包含了基地周边的资源，甚至区域资源。基地内主要涉及文化、建筑、植物、水体等景观要素，它们将成为场地规划设计的重要参考要素和设计条件；基地外部主要涉及区域性风景资源、人文资源和旅游资源，它们将成为博览园支撑性和协同性的运营要素和可持续发展条件。

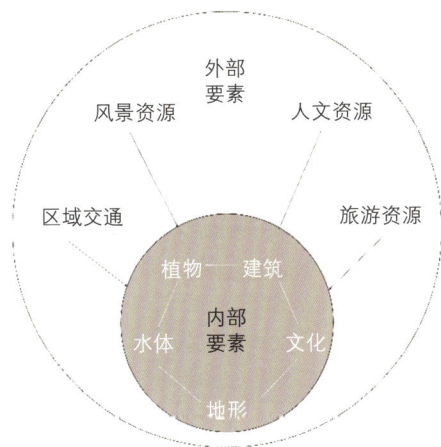

▲ 图3-2　博览园规划内、外部条件分析

从"后园博"可持续运营的角度来讲，博览园选址区域的旅游发展基础和客源条件是不容忽视的重要因素。交通区位优势、良好的配套服务设施、充足而具有强大消费能力的客源加上博览园自身高效和特色的运营管理将为博览园的可持续经营创造极为有利的条件。

（二）立意要点

立意即园博会的总体构思，包含主题策划和目标设定等核心内容，这是每届园博会在选址确定后首先需要思考的问题。园博会的主题不仅需要考虑时代背景，还要考虑城市发展需求、社会呼声、行业诉求等因素，因地制宜，适时而为。鲜明的主题能成为园博会的一张特色"名片"，也能为博览园总体定位明确方向。园博会目标或者定位的合理性、科学性将直接影响后

▲ 图3-3　第九届（苏州）园博会海绵技术应用

续规划设计的开展和会展活动筹备的进行，对博览园在会后的持续经营也有重要影响。

1. 时代背景

园博会从其起源到现在，其发展也经历了几十年的时间，作为一个大型展会，它不仅仅体现了行业的发展进步，更与社会、时代的发展进步息息相关。博览的过程实际上就是一个信息交流、相互促进的过程，在这个过程中先进理念的碰撞、创新技术的实践、园林艺术的普及不仅扩大了行业的影响力，而且其与公园这一特定城市空间的结合也提供了足够的承载空间，通过博览园的集聚效应放大了影响力。

以江苏省园艺博览会为例，各届园博会举办的政策背景和时代要求均不相同。从园林城市、生态园林城市、资源节约型园林绿化、以人为本、海绵城市到森林城市，不同时代背景下国家生态文明建设理念伴随各地城镇化发展一步步完善，同时也给不同时期园林绿化行业带来了不同的发展机遇。江苏省园博会正是在这样的背景、机遇下，通过理念、模式和技术等创新实践，一步步引领江苏城市园林绿化建设的新趋势。

2. 城市需求

从 2000 年至今，中国城镇化经历了不同的发展阶段，城市的发展模式、发展需求和发展方向也各不相同。2007 年以前，中国城镇化经历了从大城市与城市圈为主导的中心城市集聚发展阶段到产业结构优化与质量提升为主导的快速发展阶段，2007 年至今，城镇化发展日趋成熟，城镇化率也稳步上升，因此从"以物为本"逐渐转向"以人为本"的新型城镇化发展阶段。城镇化的不同阶段从某种程度上反映了城市园林绿化建设的不同要求，园博会的立意构思需要考虑这些因素，设定与城市发展需求相吻合的目标定位。

园博会作为大型会展活动，对举办城市来说是一个重要的城市事件，一般都会举全市之力保证其成功。所以，园博会的关联性强、区域辐射范围大、覆盖人群广等特点必然离不开全社会的共同参与，并对区域城市建设和经济发展带来深远影响，这就更需要园博会在立意构思之初就充分考虑不同发展阶段下城市建设和区域近、远期发展需求，如此才能通过展会的举办为城市带来最大的综合效益。

3. 民众诉求

园博会不仅仅是一个园林行业的盛会，也不仅仅是各个城市参与的一个造园活动，它也是一个全民参与的公益性活动，通过园博会的平台向社会普及、传播行业知识，提高民众的审美意趣和环保意识，甚至引导民众积极参与到城市园林绿化建设活动中去。正因为受众的大众化，园博会的规划、建设和活动策划需要倾听民众的声音，社会在关注什么，民众在关心什么，如此去确定办园的方向是最接地气的方式。

▲ 图 3-4　第九届（苏州）园博会主展馆会后转换为度假酒店

▲ 图 3-5　第九届（苏州）园博会生活园艺展区

例如园博会中逐渐增加的生活园艺内容，如居家阳台绿化展、庭院绿化展、城市风光摄影展、植树活动、植物认养、插花与花艺课堂等等，都是贴近生活，满足民众日益增长的对美好生活向往的多样诉求。

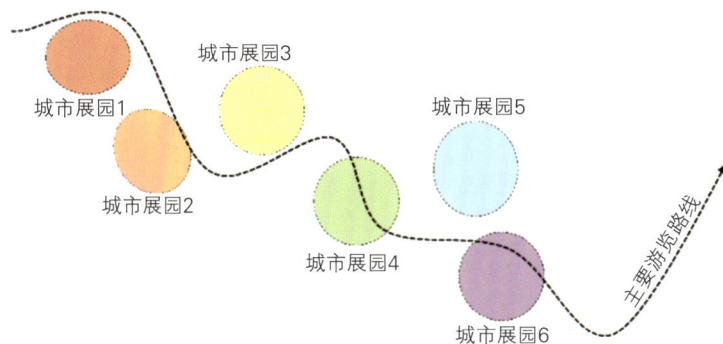

▲ 图3-6 独立分散模式示意

二、模式与章法

作为一次大型综合性的会展活动，涉及策划、规划、设计、建设、招展、运营、宣传、管理等诸多不同层面的工作内容，这些工作内容又会存在不同的运作模式，每届园博会的举办实际上也是不同模式的探索、创新过程。

在会展模式确定后，博览园的规划设计一般还需要遵循基本的章法，以便宏观把握总体功能、空间布局，细节把控设计、实施效果。

主题特征，多个城市形成组团布局，通过主要步行游线串联组团，组团内展园之间、展园与公共空间之间相互呼应，相互协调，形成整体景观风貌。

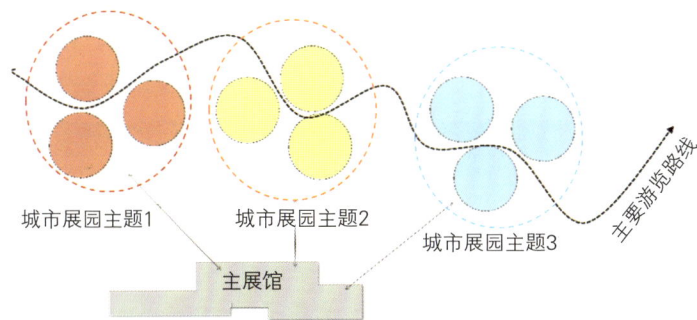

▲ 图3-7 组团协调模式示意

（一）模式探索

1. 展示模式

园博会的主要特征是其博览性和展示性，因此展示模式和展示空间是其核心内容。一般来说，园博会的展示主要分为室内展示和室外展区两部分，其中室外展区相对空间更大，要求更高，游览性也更强，所以室外展区是历届园博会建设的重点和游览的看点。

从历届江苏省园博会展示模式来看，室外造园艺术的展示模式在不断地创新和发展，起到了重要的引领作用。概括来讲，主要有三种模式：

● 独立分散模式

这是园博会早期的一种展示模式，各城市展园根据总体布局，通过主要步行游线相串联，各自表达造园主题，展园之间相对独立，不太强调展园之间、展园与公共空间之间的相互关系。

● 组团协调模式

城市展园依据总体规划，设定组团主题，根据场地特点和

● 功能融合模式

随着园博会可持续运营问题的凸显，室外展区的模式也发生了变化，总体规划阶段就开始充分考虑对展园后续改造利用的问题，除了造园艺术展示，预留了更多的建筑空间，功能性景观建筑与园林景观深度融合，组团方式更为灵活，为后续运营提供足够的弹性。

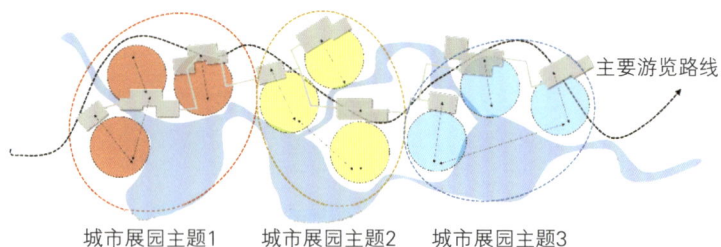

城市展园主题1　城市展园主题2　城市展园主题3

▲ 图3-8　功能融合模式示意

另外，园博会主展馆的设计和展示模式也随着大家对其后续运营的关注逐渐发生了变化，从最初纯粹的展示功能建筑，到展示、休闲、住宿等功能的融合和转换，为主展馆的后续利用提供了清晰的定位，创造了良好的基础条件。

2. 建设模式

博览园的建设模式主要依据当时的国家政策、承办城市经济状况、项目吸引力和后续运营方式所决定。一般园博会两年到四年一届，规模相对较大（100公顷以上），建设内容繁杂，因此博览园建设一般都具有周期短、投入大、难度高等主要特点，如何在这样的背景下保质、保量、按时完成任务顺利开园，建设模式的选择至关重要。

根据江苏园博会往届经验来看，主要有银行信贷或市场化融资两种方式，其中市场化融资是主要模式，常见的包含BT模式、PPP模式和EPC模式等。

表 3-3　园艺博览会主要融资、建设模式

类别	PPP		BT		EPC	
适用范围	经营性项目		非经营性项目为主		非经营性项目为主	
投资主体	政府、民间资本		民间资本		政府	
风险	共同	共同	小	大	大	小
前期投入	共同	共同	大	小	大	小
决策	√		√		√	√
设计	√	√		√	√	√
建造	√	√		√		√
运营	√	√	√		√	
所有权	√	√	√		√	
优点	政府与私企权力共享、资源共享、收益共享		政府风险小，有利于项目统筹和推进		政府前期压力小，便于设计、施工总体控制	
缺点	私企选择较难，部门协调多		私企资金、综合实力要求较高		对私企综合实力要求较高，对项目过程把控较弱	

3. 利用模式

园博会自身有着节事性和临时性的特点，会后除了为城市生态功能、社会功能发挥作用，更应充分考虑其后续运营管理和综合效益。影响博览园后续利用的因素有很多，最主要的是前期博览园选址和总体定位、外部交通和内部功能布局、运营策划和园区管理等因素。

根据历届园博会会后利用情况，博览园会后利用主要基于土地利用、资源整合等展开，其模式主要有以下几种：

● 模式一：融入城市绿地，转变为开放型市民公园

选址于城市中心区的原有公园绿地内或新建公园绿地内的博览园会后的利用大多会转换为城市公共休闲绿地，作为市民公园免费开放，该模式属于一种非营利性模式。

▲ 图 3-10 博览园利用模式二

园管护平衡收取少量门票费用。

● 模式三：结合远期定位，转变为独立运营的旅游景区

博览园选址不再局限于城市用地，转向生态环境较好的城市近郊和乡镇。结合远期全域旅游发展，由当地文旅类企业接管并独立运营，作为区域性的旅游景区或服务节点，自负盈亏。

▲ 图 3-9 博览园利用模式一

● 模式二：依托周边资源，转变为收费型主题公园

选址于城市新区的博览园多依托周边山水自然资源和风景资源转换为主题性公园，如生态公园、文化公园等，为维持公

▲ 图 3-11 博览园利用模式三

总的来看，博览园的会后利用越来越注重前期选址、市场分析、长远定位和弹性规划，越来越注重通过务实的策划、长远的规划和特色的运营来保持其生命力。

（二）章法寻绎

相对于一般城市公园，园艺博览园作为一个有着特殊意义的城市绿地，它的主题更为鲜明，功能更为复合，特色也更为突出，因此它的规划、建设必须基于园博会的办会要求，遵循一定的章法进行空间建构、功能布局和交通组织。

1. 空间建构

中国古代园林空间建构的章法精髓在于"巧于因借，精在体宜"，而空间建构的基础在于相地，即对基地的深入分析，基于对基地的理解和主题的研判来确定空间的骨架和特色。根据经验，博览园空间的建构主要有以下几种方式：

● 以山水为骨架，强调自然成景

对于基地内地形、水体资源丰富，山水特色明显的博览园，适宜以自然山水为骨架组织空间，适当理水、叠山形成主景，并结合会展功能要求依山就势安排展馆、展园，借景周边山水资源。如第五届（南通）园博会博览园充分尊重现场山水格局，依山水建园，山（黄泥山、马鞍山）、水（长江）、园（滨江公园）相互融合，突显了博览园的山水特色。又如第四届（淮安）园博会依史籍文献，重塑钵池山山水间架，营造出依山傍水的山林景观。

▲ 图 3-13　第五届（南通）园博会以山水为骨架强调自然成景

● 以主轴为骨架，强调人工气势

对于基地地形平坦、资源优势不明显的博览园，一般会运用现代造园手法，利用一至两条或实或虚的景观轴线来强化入口和主景，并以此串联展馆、展园，强调人造景观的秩序和气势。如第七届（宿迁）园博会选址骆马湖畔，为强化湖滨新城与骆马湖的空间关系和入口气势，规划设计了两条主要轴线，分别作为主、次入口主景轴线。

▲ 图 3-12　博览园空间建构模式———以山水为骨架，强调自然成景

▲ 图 3-14　博览园空间建构模式二——以主轴为骨架，强调人工气势

▲ 图 3-15 第七届（宿迁）园博会通过景观轴线和标志物强调气势

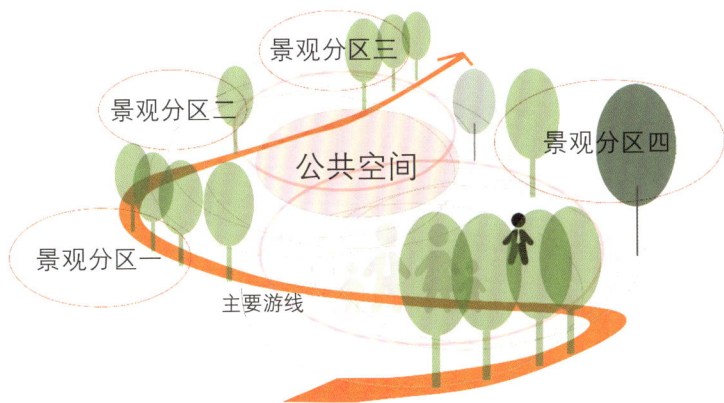

▲ 图 3-16 博览园空间建构模式三——以游线为骨架，强调分区特色

● 以游线为骨架，强调分区特色

为强调园博会主题或地域特色，突出游客的游览体验，博览园的空间结构会以主要游线为骨架，将景观序列、特色片区和主要功能紧凑地串联起来，以强化游览的连续性和体验感。如第八届（镇江）园博会选址于长江江滩，博览园空间布局依据扬中地域文化形成十个景观篇章，并以主要步行游线串联景观节点和特色片区，形成景观序列。第九届（苏州）园博会依托基地自然的山、水、田、村等典型的江南风光，着力打造了"印象江南""诗画田园""写意园林""情自太湖"四大特色片区，通过陆地、水上和空中多维游线串联，营造诗情画意的新江南景观风貌。

▲ 图 3-17 第九届（苏州）园博会以游线为骨架突出分区特色

2. 功能布局

园博会虽然是以园林园艺展示为主的展会，但为了增加游览的丰富性，便于会后利用，往往博览园内会融入多种功能，这些功能也往往构成了园博会游览的主要内容，因此策划各项功能并做好空间布局是提升游赏体验和美誉度的重要途径。

园林博览园主要功能包括会展、观光、体验、娱乐休闲、科普教育等，其功能布局主要包括：

● 室内展馆展示功能

包括园区日常管理办公楼、提供会议研讨和经贸洽谈等服务的会议中心、园博会的室内展馆、开闭幕庆典及其他文艺晚会演出的演绎舞台。会后部分建筑可结合功能转换，融入休闲、餐饮、度假等功能。

● 室外园艺展示功能

这一部分是展会主题集中表现的重要区域，是博览园精华和核心功能，展示空间的布局很大程度上决定了展示与游览的效果。一般主要包含主题展园、专类展园、国际展园、地方展园、设计师展园及其他展园。

● 综合服务保障功能

主要提供全园的综合游览服务功能，包括售票、问询、导游、美食、纪念品销售等游览服务内容，是保证全园安全有效运行的支撑性功能，该区功能会间、会后基本会保留下来，规模可根据会后运营方案做适度调整。

● 公共休闲体验功能

主要提供除园林园艺游赏以外的其他游憩、娱乐、文化体验等空间，设置参与性强的体验项目、室外表演节目和各类互动性强的园艺活动等，该功能区一般是会后利用率最高的区域。

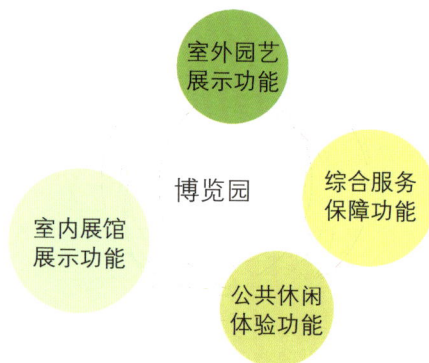

▲ 图3-18 博览园主要功能布局关系

3. 交通组织

根据场地的特征不同，博览园交通组织方式根据总体布局的特点分为线性组织、环形组织和环网型组织三种模式。

● 线性交通组织

对于基地较为狭长，如选址在滨河绿带、山林谷地等的博览园，主要交通线路多以线性方式布置，同时串联若干支线或小环线，各功能区总体沿线性交通线路带状布置。该方式好处是主要游线清晰，有利于形成序列感较强的景观带；缺点是线路过长，容易产生单调感。

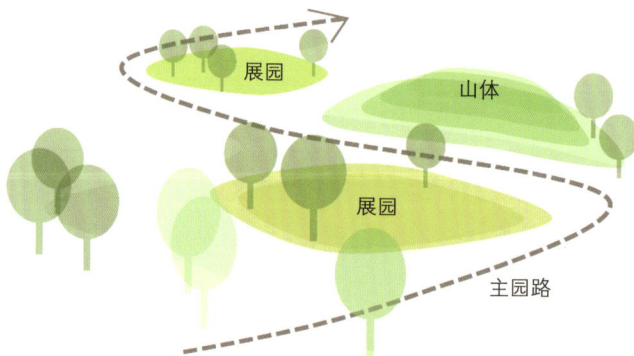

▲ 图3-19 博览园交通组织方式——线性交通组织

● 环线交通组织

对于基地较为规整，如以中心水面或山体为中心的博览园，主要交通线路多以环线方式布置，环线中间增加一定支线连接，服务组团、展园、展馆环绕中心景观布置。环形交通组织将各个功能片区和景观片区相互串联，形成更加便捷的游赏环线。

▲ 图 3-21　博览园交通组织方案三——环网交通组织

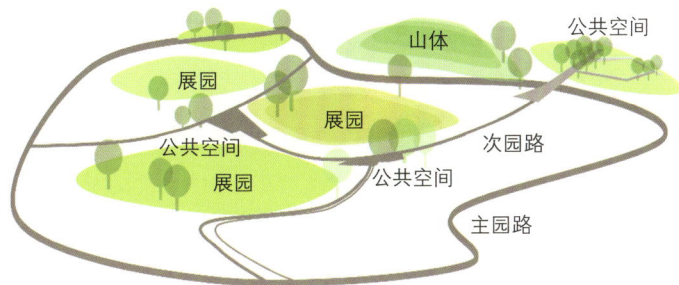

▲ 图 3-20　博览园交通组织方式二——环线交通组织

● 环网交通组织

对于基地面积较大（多在 200 公顷以上），同时基地形态不规整的博览园，主要交通线路多采用环网方式布置，多个环线串联，并且支线丰富，各功能区结合不同环线分散布局。该方式好处是有利于形成相对独立的特色分区，布局方式比较灵活，有利于处理各个片区之间的关系。

作为一个集中时段的短期专类展会，园博会的游览特性非常明显，人流量大，游客类型多样，覆盖不同年龄段、个人、家庭、团体等不同群体，对游览动线的策划也至关重要，因此，除了不同类型、不同层次的常规交通线路组织以外，特色游览线路的策划和安排也必不可少。

特色游线的组织一般主要考虑针对不同人群、不同时段、不同主题、不同游览方式等进行策划，可以形成多条特色游览线路，同时还要考虑游线能合理串联主要景点、服务点、休憩设施等，满足游览、休憩和服务的多种功能。

三、特色与创新

园博会的特色和创新是其引领行业发展、发挥品牌影响力和保持持久生命力的重要因素。富有特色的博览园景观不仅能给人以视觉享受，令人过目不忘，而且能发挥最有效的文化传播价值，实现最有效的城市形象宣传，引领最前沿的行业创新。

景观的特色性取决于空间塑造、文化挖掘、材料使用、小品设计、植物配置及整体协调关系等综合因素。博览园的特色性和整体的创新性越突出、文化性越明显，其吸引力越强，所产生的经济、社会等综合效益也就越大。

▲ 图 3-22　江苏五大亚文化区

（一）特色打造

1. 文化传承

博览园，抑或其他新园林的建设，首先必须处理好传承与创新的关系。园林艺术的生命力在于创新，而创新的基础就在于继承和发扬传统，这里的传统内涵丰富，包含了传统园林艺术，也包含了它背后悠久的园林文化和城市文化。

江苏作为园林大省，古典园林久负盛名；作为文化大省，地域文化独特丰富。江苏省园艺博览会作为综合展现园林、艺术、文化等传承与发展的行业盛会，社会意义显著。十届江苏省园博会每一届都从不同角度、不同时代背景对传统园林文化和地域文化进行了诠释和演绎。

● 地域文化

江苏的地域文化丰富多彩，历经千百年来的积淀，形成了秀美灵动的江南文化、大气雍容的金陵文化、繁华古朴的淮扬文化、汉韵楚风的两汉文化和开放多元的江海文化五个亚区。第十届（扬州）园博会结合城市所属文化亚区，深入挖掘地方的园林和建筑文化精粹，并积极运用新技术、新材料、新工艺，塑造了具有典型地域文化特色的城市展园。

● 园林文化

园林文化是园博会的核心内涵，博览园中除了传统的城市展园和友城园、大师园及专类园等类型的造园艺术实践，在主要展馆内部还会设置盆景、插花、赏石、园林摄影、园林书画等丰富多彩的园事花事活动，观赏、科普和体验相结合，突出表达园林文化的继承和发展，营造精品园林和生活园林。

表 3-4　历届江苏省园艺博览会园林文化活动一览

届次	举办城市	特色园林文化活动
第一届	南京	日本插花艺术表演、城市绿地建设图片展、园林文化园及风景名胜区景点展、"六艺节"文化表演、花车巡游
第二届	徐州	名花异卉专题展、园林园艺科技成果展、民俗艺术展示、全省园林园艺新产品、新技术展示交易会
第三届	常州	武进·夏溪花木节、花木产业发展学术论坛、杜鹃花节、月季花展、大型花卉、苗木交易会
第四届	淮安	美景美食·香溢淮安节目，园林园艺科技交流研讨会
第五届	南通	在南通体育会展中心、南通更俗剧院、南通博物院、如皋花木大世界等地设置园事花事活动分会场
第六届	泰州	秋季花卉与插花艺术展、节约型园林绿化学术研讨会、园林书画摄影艺术展
第七届	宿迁	"童眼看园艺"科普教育活动，"新技术、新设备、新材料"展示交易会，骆马湖渔火节
第八届	镇江扬中	庭院绿化展、湿生植物展、"我与自然"儿童绘画作品展
第九届	苏州吴中	阳台绿化展、香山帮技艺展、"飞跃江苏"4D宣传片、海绵技术实践展、柳舍村庭院展、多肉植物展、室外花海
第十届	扬州仪征	百变空间·花样生活展，菊花、立体绿化专题展，"继承与发展"科技论坛，宁镇扬花卉节，园林园艺大讲堂，家居和庭院园艺展示

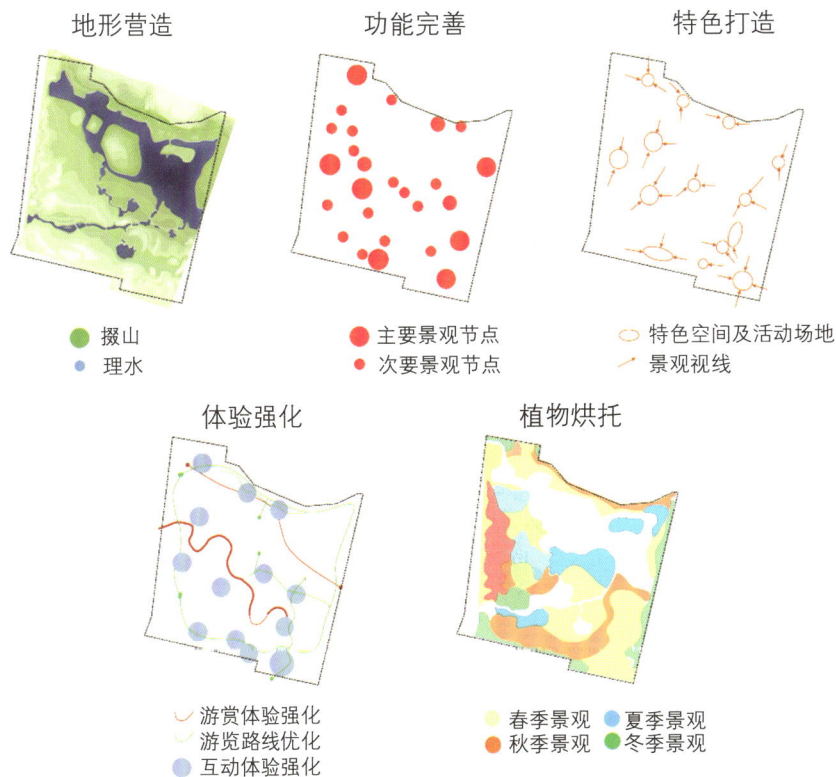

地形营造　　　　功能完善　　　　特色打造

● 掇山　　　　● 主要景观节点　　　○ 特色空间及活动场地
● 理水　　　　● 次要景观节点　　　＼ 景观视线

体验强化　　　　植物烘托

〜 游赏体验强化　　　● 春季景观　● 夏季景观
＼ 游览路线优化　　　● 秋季景观　● 冬季景观
● 互动体验强化

▲ 图3-23　博览园的造园思想基于传统发展于当代——以第十届（扬州）园博会造园理念为例

2. 艺术升华

　　园艺博览园是以展示造园艺术水平为核心的展会，园林艺术的继承和发展是其永恒的主旋律，也是重要的研究课题。现代造园不是简单的泥古，更多的应该是通过融入更多时代特征、生活需求，提升造园艺术的层次和丰富度。

　　● 造园思想

　　中国传统园林的审美源于对自然美的欣赏，具体在三个领域以不同的艺术表现形式呈现——山水诗、山水画和文人园林，这三者构成了中国传统艺术的精髓。对比当今的造园活动，传统的园林艺术基于文化和美学展开，小中见大的空间、渐入佳境的游线、情景交融的意境都是我们需要继承和发扬的重要造园思想。

　　当代的造园活动则从生态学、环境学、地理学等角度进行了拓展和升华。以博览园为典型的城市公园造园的目标逐渐从小众园林走向大众园林，功能越来越复合，效益越来越多样，园林艺术不再是少数文人玩弄的高雅艺术，它越来越贴近民众，贴近生活，为城市环境改善和景观品质提升发挥了越来越重要的作用。

　　● 造园手法

　　传统园林的空间布局和造园手法极其丰富，象天法地，将自然要素灵活驾驭，以达宛自天开的效果。如运用建筑、山石等点景，以水体、植栽等来衬景，运用分景、框景、透景来表现空间的流动性，运用空间的对比和先抑后扬的空间序列来突出主景等，形成了树无行次、石无定位、山有主宾、水有萦绕

的空间结构，营造出"得影随行，诗情画意"的园林意境。

　　以园博会为代表的当代造园活动在继承传统造园手法的同时，也在结合时代发展进行着探索和创新。通过大地景观，展现自然的壮丽；通过人共水景，表现动静的意趣；通过多维游线，创造立体的观景视角；通过互动景观，丰富游人的游览体验；通过多变的材料，呈现景观肌理的多样性。基于传统造园手法的再创造，是适应时代发展的必然，也是现代审美发展的必然，艺术的魅力就在于其与时俱进、不断创新的生命力。

巧借山水

铜山

枣林湖水库

基地

理水拥湖

云鹭湿地

基地

隐游水陆

水上游线

基地

空中游线

古今交融

百变花样空间

基地

传统造园手法

现代景观体验

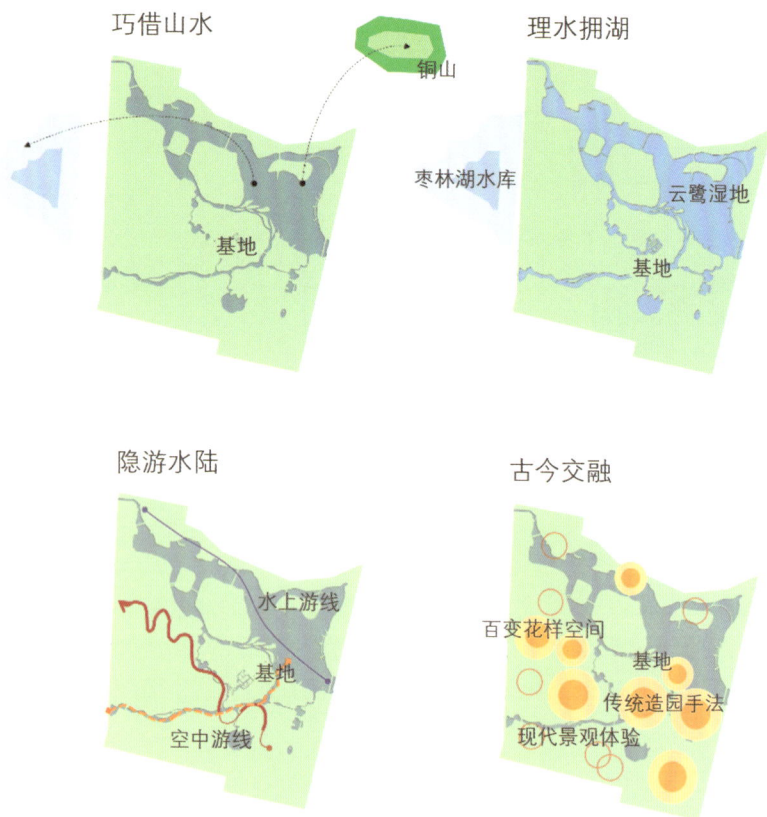

▲ 图3-24 博览园的造园手法立足当代向传统致敬——以第十届（扬州）园博会造园主要手法为例

● 求教与众

园博会是否成功，博览园的效果是否令人满意，会后效益是否持续，仅几个行业专家说了不算，大数据时代，游人的评价才更为客观，更为实在。通过大众的体验和反馈，我们才能更深入体会何为人性化设计；通过大众的参与和支持，我们才能保持博览园的生机与活力；通过大众的关注和传播，我们才能将园博会的品牌传递得更远。

3. 生活植入

随着经济水平和行业影响力的提升，举办园博会越来越受到各方的关注，园博会从一个专业性的展会也逐渐转变为一个全社会的盛事。因此，园博会的这一平台，不仅仅要能承载专业性的评判，更需要满足大众的审美与功能需求。

● 惠民建园

通过园博会的举办，为大众谋福祉是其极为重要的社会意义。通过花卉花艺的展示、插花表演等给大众以美的享受的同时，潜移默化地提高了他们的审美水平；通过亲水乐园、专题花园、互动展台等给大众带来欢乐的同时，也对不同人群进行了科普教育；通过博览园会后的功能转换，免费开放和定期活动，为大众永久保留一处休闲绿地。

▲ 图3-25 第九届（苏州）园博会为市民留下一座免费的非物质文化遗产馆

▲ 图 3-26 第八届（镇江）园博会博览园成为城市大型活动的载体
图片来源：http://www.jsybh.cn

（二）系统创新

1. 理念创新

园博会的办会理念是一个战略性、指导性的纲领，它贯穿于不同时间段的博览园建设。在此理念指导之下，每届博览园建设还可依据自身城市特色、时代需求来设定自己所特有的建设、设计、管理理念。园博会的创新首先要基于理念的创新，思想上的解放才能创造更富有个性和特色的园林。综合历届园博会，理念上的创新主要体现在以下方面：

● 探索自然生态的艺术表现

省园博会创办伊始，即提出了"自然生态"的规划建设理念，自然生态不是一句口号，更多的是将生态理念贯穿于办会实践过程当中，城市废弃地的利用、城乡绿化环境的改善、绿色环保技术的应用、乡土植物和乡土材料的使用等等，所有这些探索和尝试，都希望通过园博会这一平台和契机，更多地发挥其保护与改善人居环境、协调人与自然关系、促进社会和谐

▲ 图 3-27 第九届（苏州）园博会海绵技术应用与废弃物利用

的重要作用。

● 践行以人为本的根本要求

"以人文本"在这里是一个广义的概念，它不仅包括了人本身，也包括这些人所在的城市。每届博览园的选址和建设模式，都经过对承办城市的城市规划及经济社会发展的通盘谋划，通过园博会博览园的建设，发挥服务周边、激活发展要素的作用，为城市居民休憩游赏、文化交流、休闲运动、观光旅游提供绿色空间，促进园林文化发展。

一座座高品质的博览园留给承办城市，为城市居民新增一处游憩场所，市民获得感油然而生。博览会开展的花卉花艺、插花艺术、阳台园艺等系列互动体验活动，让园林园艺走进生活与工作空间，传播园林文化，引导民众崇尚美丽生活、品质生活，为场所空间的园林园艺提供借鉴，具有良好的社会效益。

▲ 图 3-28　第四届（淮安）园博会为市民生活休闲提供了新的场所

▲ 图 3-29　第九届（苏州）园博会造园艺术展区

● 坚持创新示范的办会目标

园博会始终坚持以彰显特色、传承文化、树立品牌、放大效益来保持其活力与生命力。坚持精品意识，统一规划，精心设计，精细施工，精致布展，通过竞赛设奖等激励措施，鼓励结合地域自然条件与文化，创作个性鲜明、技术先进、艺术发展、特色彰显的造园艺术作品，为城市公园绿地建设提供示范。

● 遵循求同存异的基本原则

园博会寓社会美于自然美，进而创造园林艺术美。中国的造园活动离不开对古典园林艺术的继承和发扬，这些都能在历届园博会的展园设计中找到根源，这是中国园林艺术的"同"；与此同时，园林的个性是园林艺术的独特性，是其生命力。每届园博会能持续地办下去，关键在于每届"异"的部分，那是最具有新奇感和吸引力的要素。园博会的重要作用就在于通过这一平台，把众多具有鲜明个性的园林景观组合起来，既展示了园林艺术的同根性，也展示了园林艺术的多样性。只有求同且存异，在统一中求变化，才能打造更为动人的作品。

▲ 图 3-30　第九届（苏州）园博会苏州展园新江南风格探索

2. 技术创新

园林不仅是一门艺术，更是一门科学的艺术，它需要通过实际的工程建造活动来表现，而建造的过程就需要讲科学，所以《园冶》里讲"精艺和输巧"，除了艺术构思还需要能工巧匠。随着时代的发展，博览园的建设也采用了很多新技术，对城市园林绿化技术研究、推广、应用起到了引导和示范作用。

表 3-5　历届园博会技术创新

举办届数	举办年份	举办城市	技术创新
第一届	1999	南京	生态技术
第二届	2001	徐州	温室技术
第三届	2003	常州	温室技术
第四届	2005	淮安	人工造山、人工山体绿化技术
第五届	2007	南通	温室建设、节能建筑技术
第六届	2009	泰州	绿色能源技术
第七届	2011	宿迁	绿色能源技术
第八届	2013	镇江	生态低碳技术、曲面建筑技术、大树移栽技术
第九届	2016	苏州	海绵技术
第十届	2018	扬州	绿建技术、新型木结构技术、海绵技术

● 探索资源节约的建设模式

节约型园林绿化的建设理念在 2005 年第四届江苏省园博会中得到重点推进，博览园建设选址的基地条件得到充分尊重，保留水系、林木，推行乡土植物与自衍花卉的广泛应用，使"有限的资源利用效益最大化"的节约型园林绿化理念得到广泛传播与实践。

▲ 图 3-31　第九届（苏州）园博会乡土植物应用

● 探索湿地营建的技术方法

城市湿地是城市绿地系统中重要的生态绿地，江苏省园博会针对改善城市地表水含蓄量，增加绿地渗透雨水的问题，对小微湿地的营建技术和景观表现进行了持续的研究与探索，并引导实践，使保护城市湿地资源、丰富绿地形态、改善生态效应的观念得到强化。

▲ 图 3-32　第八届（镇江）园博会湿地馆

● 探索海绵理念的科学实践

2016 年第九届（苏州）博览园在规划、设计与营造实践中，积极贯彻"海绵"理念，从研究全园汇水竖向关系入手，积极探索生态园林技术实践，针对江南水网地区绿地建设中雨水自然渗透、自然汇蓄、自然净化提供示范样本，科学建设，艺术呈现，取得了很有价值的实践经验。

▲ 图 3-33　第九届（苏州）园博会海绵技术应用与科普

● 探索景点营造的技艺提升

造园艺术展的创作创新和评比交流促进了园林景点营造技艺水平的整体提升。在创作主题的引导下，参展作品百花齐放，致力创新，在生态理念、景观空间、植物种植、水体岸线、小品构筑、铺装施工、地域文化表达等方面，技艺水平不断提高，充满时代感，充分展现了园林景观建设的进步与智慧。

▲ 图 3-34　第九届（苏州）园博会假山营造技艺

3. 材料创新

园林材料是构成景观的表象要素，材料的创新是最直观的体现。这里所说的材料包含了硬质材料和植物材料，材料的创新即体现在硬质材料的生态环保性、新型材料的推广、传统材料的创新利用、乡土材料的使用以及植物新品种应用和新的配置组合方式等方面。

● 硬质材料创新

21 世纪初期，目前我们常见的一些材料当时都未普遍推广使用的时候，园博会就在材料的创新应用上进行了多种尝试，如水岸护坡使用的生态混凝土材料，既起到承重护坡的作用，又达到生态自然的效果；彩色透水混凝土路面不仅丰富了路面色彩，又解决了路面积水问题；其他还有如透水砖、植草砖等新材料。随着时代的发展和技术的进步，一方面各种新型材料和环保材料层出不穷，另一方面，景观的营造慢慢开始回归乡土，传统材料的再利用也开始出现。

第九届（苏州）园博会尝试使用废旧PVC管、饮料瓶、塑料瓶盖等生活废弃物进行造景，向游人传播绿色环保生活理念。第十届（扬州）园博会中，博览园创新性应用大量新型景观材料，如利用夜光铺装材料、反光材料增加"夜游园博"活动的趣味性，采用国家大力发展推广的蒸压砂砖替代部分传统铺装石材，首次将室内常用的彩色尼龙织带、艺术树脂板、彩色PVC膜、彩色玻璃等材料应用到室外景观，拓展材料的应用范围。

● 特色植物材料

植物是园林造景中最重要的元素之一，而植物材料的使用和植物景观的营造应该遵循基本的原则，要因时造景，体现植物的季节变化；要因势造景，体现植物与地形空间的融合；要因地造景，突出乡土适生植物的应用。

第八届（镇江）园博会的岩生植物花境、湿地植物和彩叶植物应用是其最大特色；第九届（苏州）园博会在主入口片区首次使用园艺新品种"菊花桃"，在主展区"乡情"片区入口处使用新型园艺品种"绚丽海棠"，同时结合海绵设施，突出了具有耐水湿、净化功能强的湿生植物群落的应用。第九届、第十届园博会对观赏草组合花境的使用进行了创新性研究和实践。

▲ 图3-35 第九届（苏州）园博会镜面不锈钢材料与立体花坛

▲ 图3-36 第九届（苏州）园博会屋顶花园绿化景观

第四章

4 博之"合"

从 2001 年起，我院参与了每届江苏省园艺博览会博览园的前期总体规划，并且从 2013 年第八届（镇江）园博会开始参与了总体规划与工程设计全过程，见证了江苏省园艺博览会的发展历程，也从中学习和积累了经验。除此以外，凭借丰富的博览会规划设计经验，我院陆续参与了首届中国绿化博览会、第八届中国花卉博览会以及湖北省第二届园林博览会，均获得较高的评价。这些难得的实践让我们有了更多交流学习的机会，拓展了我们的视野，增强了我们的信心，也鞭策我们不断地总结、探索和创新，并与大家分享。

表 4-1　我院参与历届江苏省园艺博览会方案规划与工程建设一览表

届次名称	举办年份	举办地点	主　题	备注（参与阶段）
第二届江苏省（徐州）园艺博览会	2001	云龙公园	绿色时代——面向 21 世纪的生态园林	1. 申报方案 2. 修建性详细规划
第三届江苏省（常州）园艺博览会	2003	中华恐龙园	春之声——绿色奏响曲	
第四届江苏省（淮安）园艺博览会	2005	钵池山公园	蓝天碧水·吴韵楚风	申报方案
第五届江苏省（南通）园艺博览会	2007	狼山风景名胜区	山水神韵·江海风	申报方案
第六届江苏省（泰州）园艺博览会	2009	周山河街区	水韵绿城·印象苏中	申报方案
第七届江苏省（宿迁）园艺博览会	2011	湖滨新城	精彩园艺·休闲绿洲	申报方案
第八届江苏省（镇江）园艺博览会	2013	扬中滨江新区	水韵·芳洲·新园林——让园林艺术扮靓生活	申报方案总体规划与工程设计
第九届江苏省（苏州）园艺博览会	2016	吴中临湖镇	水墨江南·园林生活	1. 申报方案 2. 总体规划 3. 修建性详细规划 4. 工程设计
第十届江苏省（扬州）园艺博览会	2018	仪征枣林湾	特色江苏·美好生活	

注：第一届江苏省（南京）园艺博览会以下简称"第一届（南京）园博会"，以此类推。

一、规划设计篇

（一）第二届江苏省园艺博览会规划设计

1. 园博概况

第二届江苏省园艺博览会于 2001 年 9 月 24 日在古城徐州举办，博览园选址在徐州市中心的云龙公园，占地面积约 23.35 公顷。

博览园选址比邻云龙山、云龙湖，基于已建成的云龙公园进行改造，利用现场条件，整合周边资源，为完善徐州城市中心绿地系统、建设生态园林、改善人居环境提供了积极的示范和样板。

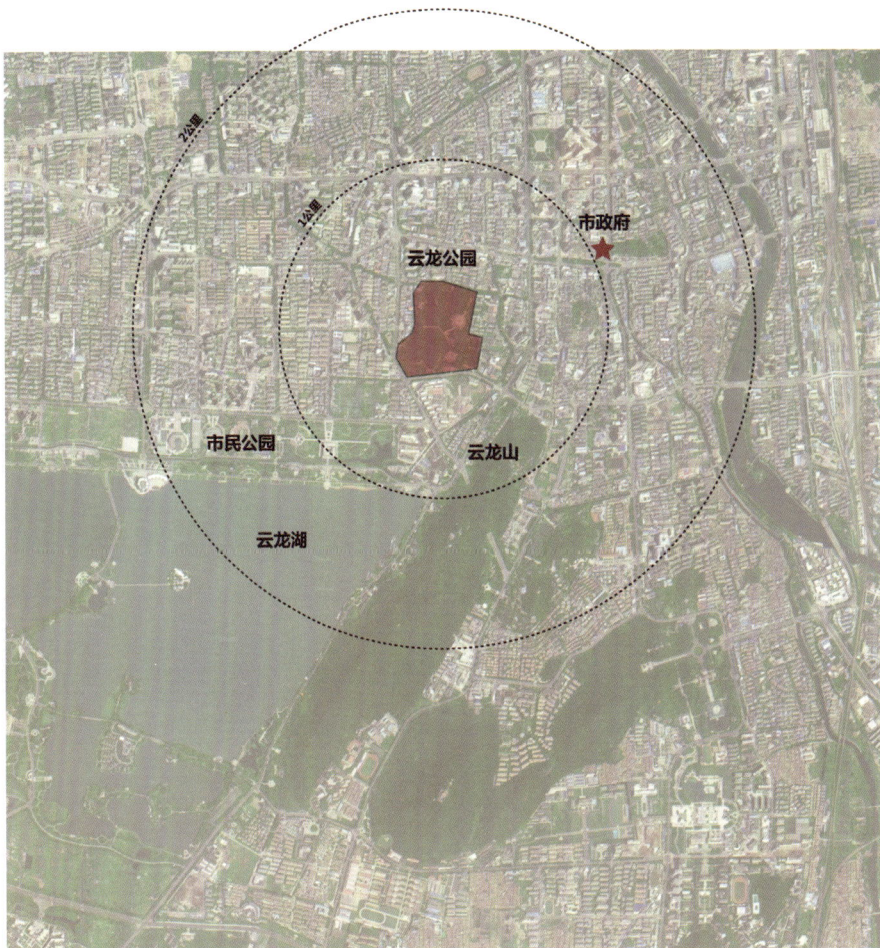

▲ 图 4-1　第二届（徐州）园博会博览园区位图主题立意

2．规划构思

（1）主题立意

本届园博会以"绿色时代——面向 21 世纪的生态园林"为主题，以顺应新世纪的时代发展要求，并以此为契机加快推进生态城市建设，在全社会营造一种保护生态环境、共创美好家园的良好氛围。

（2）规划结构

根据基地条件及内容设置，将整个博览园园区划分为七个部分：入口区、中心展示区、园艺科技区、环境保育区、带状密林区、盆景艺术区及现状保留区。

主入口：将主入口广场适当扩大，设置非机动车停车场，用装饰花柱界定空间，引导人流走向，形成有序的交通组织方式。

入口广场：扩大入口广场以利人流集散，设置硬质主景雕塑及花柱作为标志及入口意象，突出园博会主题。同时安装电子信息屏，发布园博会期间日程安排、科技交流活动等信息。

管理接待中心：提供游客接待服务，为各参展市设置接待处。以大片草坪为主，设置拉膜结构亭供人们停留、小憩。

主会场：园博会开幕及闭幕式会场及期间举行各种演出宣传活动的场所，园博会结束后，可成为游人休憩、居民晨练的良好场所，亦可不定期地举行群众性的文艺活动。

花卉展示园：通过品种花卉的分区布置，展示花卉的栽培技术及发展过程，并通过与现状植物的合理配置，规划花柱、花带、花海（以秋季开花品种为主），强化入口区景观效果，烘托园博会气氛。

中心景观广场：保留现有绿化，增加花卉配置，与花卉展示园相融合，组成绿化对景。中心广场尽端以水幕墙及环形装饰柱组合作为主轴线上的中心主景，配以地喷、台阶柱灯等形成颇有气势的广场景观氛围，供游人停留、观赏、游憩。

乡土草坪：沿主会场周边组织地形，植以高大乔木进行围合，乔木边缘种植各类花卉作为花卉园的延续，形成立体景观层次。地被植物体现乡土草坪的研究及运用，乡土草坪与引进草坪具有稳定性、生境适应性、生态功能性三大效益的不同，通过研究种植地的生境条件及草种生态特性，掌握乡土草种的耐旱、耐阴、耐践踏、抗病竞争能力、颜色、生长状况等，选育出适应性强、养护成本低的草种进行展示，做到适地适草。景观规划为开阔的自然缓坡草坪，其间点缀花丛、花带，营造开敞、绚丽的景观风景。

▲ 图 4-2 第二届（徐州）园博会博览园规划方案结构图

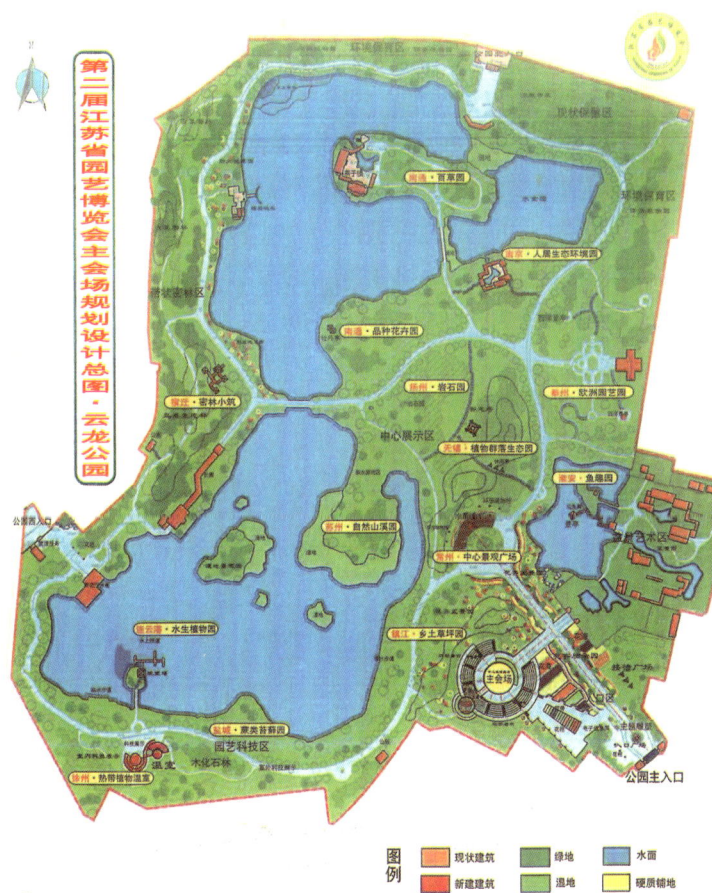

▲ 图 4-3 第二届（徐州）园博会博览园规划方案总平面图

（3）规划要点

● 与时俱进的指导思想

结合新时代生态园林建设要求，紧紧围绕会展主题，以时代性、开放性和参与性为主要指导思想。通过空间布局和绿化系统设计，突出植物群落营造和生物多样性构建；通过中心展示区、园艺科技展区、盆景艺术区和环境保育区等特色展区综合展现丰富多彩的园林景观和园艺科技，普及园林知识，宣传生态园林建设理念；通过龙舟邀请赛、书画笔会、焰火晚会和民间艺术表演等演艺活动，让游客积极参与其中，丰富游赏体验。

● 因地制宜的设计理念

因为是基于现有公园改造，因地制宜是博览园规划的核心理念。规划依托场地现状，梳理已有资源，拆除危险性、风貌较差的部分建筑，加固、修缮品质较好的部分建筑，结合园内服务功能需求加以利用；功能布局和空间设计充分结合现有植物景观资源，结合新增植物，优化植物层次，丰富植物品种，完善植物季相，以此构建自然、生态的陆地植物群落和水生植物生境；尊重场地肌理，拆除园内布点凌乱、质量较差的人工景点，保留和整理王陵母墓区，通过历史文化挖掘和自然景观营造，体现地域文化特色，树立生态园林建设典范。

● 生态多样的植物造景

博览园植物造景以植物学、生态学（如互惠共生、生态位、物种多样性等）为指导，综合应用不同的园林艺术手法和绿化种植手段，合理配置乔、灌、草、藤本，形成具有层次和季相变化丰富的稳定植物群落；通过自然山溪园、岩石园、蕨类苔藓园、室内温室、水生植物园、百草园等专类园展现植物多样性、丰富性、观赏性和植物配置的合理性与科学性。

▲ 图4-4　结合场地现状条件的规划方案

▲ 图4-5　现状保留环境保育区——王陵母墓区

▲ 图4-6　不同植物群落搭配丰富园林景观的观赏性（百草园）

● 先进创新的绿色科技

博览园通过室内外园艺科技展示充分展现最新绿色科技成果，传播绿色生态理念。室外科技展示片区集中展示了利用自吸、自控肥水的新型种植容器的苗木培育技术，自动喷灌、滴灌、雾灌系统，埋地式喷头、移动式喷头、快速接头等灌溉技术等绿色科技在园艺生产、养护等方面的应用；室内科技展示片区集中展示了根据植物生态习性和热带雨林环境模拟下的热带雨林植物多样性，新品种培育、野生物种研究等高新技术及成果，同时运用电脑高科技手段，模拟植物的地带分布、物种进化及生物多样性等内容进行科普教育。此外，在室内还布置了插花展，展示鲜切花的保鲜技术，通过现场展示和教学活动贴近人众生活。

▲ 图4-7　利用多层次植物群落营造的开放空间与林下空间（人居环境园）

▲ 图4-8　应用绿色科技的立体展览温室

3. 实施效果

▲ 图 4-9 第二届（徐州）园博会博览园局部鸟瞰

▲ 图 4-10　第二届（徐州）园博会博览园全园鸟瞰

▲ 图 4-11　自然式驳岸营造生态之美

▲ 图 4-12　水上汀步丰富游赏体验

▲ 图 4-14　多种色彩的植物搭配

▲ 图 4-13　丰富的植物群落层次营造出古典园林意境

▲ 图 4-15　化石林展览区

（二）第三届江苏省园艺博览会规划设计

1. 园博概况

第三届江苏省园艺博览会于 2003 年 6 月 28 日在常州举办，博览园选址在常州市高新技术开发区内中华恐龙园南侧，占地面积约 13.5 公顷。

博览园选址在常州现代风景旅游区内，用地北侧紧邻中华恐龙园，基于独特的场地优势，打造依托主题公园为中心，功能相互独立、环境相互融合的新型旅游休闲区，探索现代园林与主题公园联动发展的新模式。

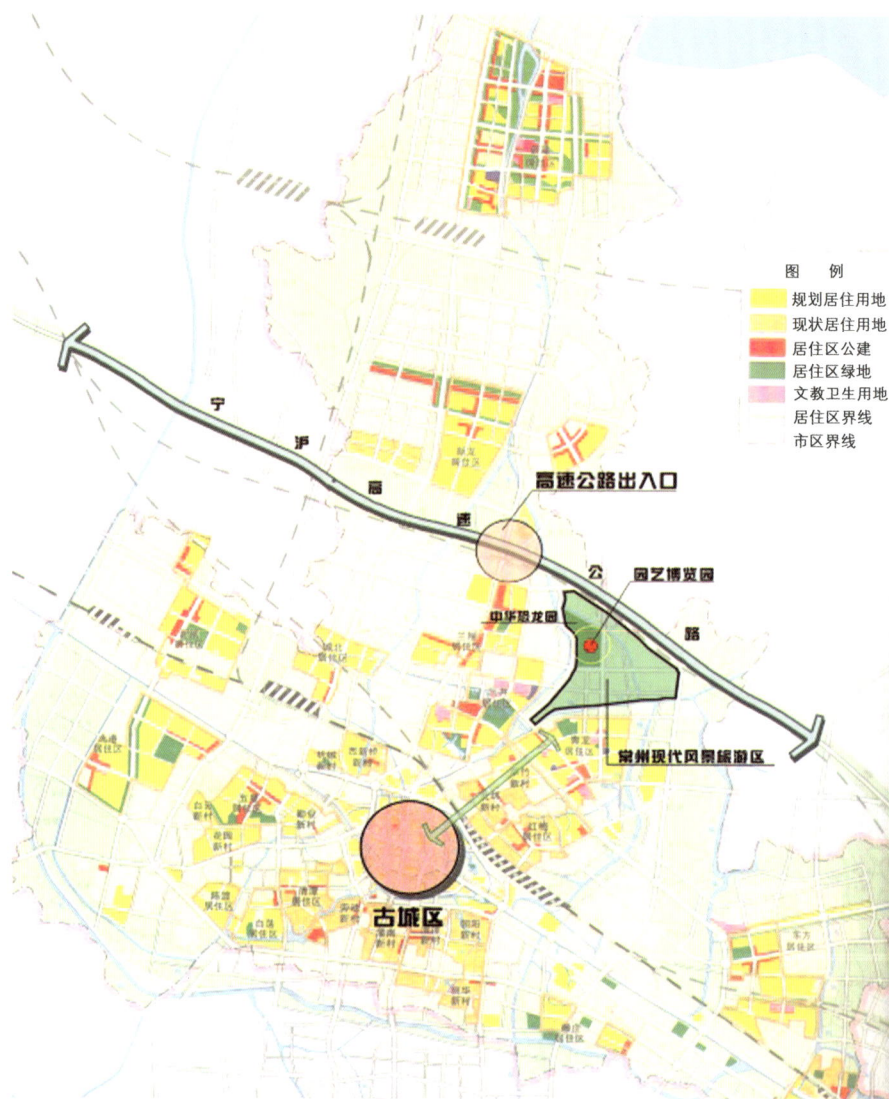

图 例

规划居住用地
现状居住用地
居住区公建
居住区绿地
文教卫生用地
居住区界线
市区界线

▲ 图 4-16　第三届（常州）园博会博览园区位图

2. 规划构思

（1）主题立意

本届园博会以"春之声——绿色奏响曲"为主题，探索人与自然共存的亲和关系，通过采用现代造园手法，营造焕发都市活力的绿色空间，树立正确的生态系统观，倡导健康的生活方式。

（2）规划结构

本届园博会由"绿"之乐章、"水"之乐章、"缤纷"的乐章三大主题乐章组成博览园的主题空间，由生命绿轴、健康休闲轴一主一次两条主题轴线构成全园的主旋律，各主题空间内设置的景点意喻跳动的音符，与主旋律有机交织、组合，奏响一曲情景交融的春天绿色奏鸣曲。

生命绿轴：规划为园区的主轴线，运用树荫、花草、石材、雾、声、光、影等内容的相互交融组景，突出春天、绿色、生命的主题，体现充满生机、蓬勃向上的精神。沿轴线展开生命之源（水）、生命之绿（林）、生命之光（阳光）主题花园及生命力广场，生命力广场以展览温室为主体，模拟热带雨林植物景观，集观赏性、功能性于一体，并配合现代雕塑、雾状喷泉，体现自然的生命力、绿色的生命力及都市的生命力，诠释生命与自然的关系，展示将自然抽象化了的人工绿色景观，营造带有自然情结的新型景观。

健康休闲轴：通过植物环境的营造及与各种休闲健身活动设施的组合，为各年龄层次的游客提供充满活力的运动、健身、游戏、转换情绪的绿色空间，有助于人们缓解都市生活的压力，保持身心健康。设置健康广场、欢乐园地、自由漫步活动空间、健康金字塔等内容。

"绿"之乐章：运用植物材料（地被、花、灌木、乔木）构筑充满活力的、使人回味无穷的自然景观和园林景点，赋予绿色浓厚的文化品位及艺术风格，突出先进性、观赏性、多样性，充分展示我省现代园林、园艺水平。同时，最大限度地使人能够进入绿地、接近绿地，去亲近它、熟悉它，加深对自然的了解，从而更好地保护自然，达到人与自然的融合。

"水"之乐章：利用现状基地水面进行改造组景，不仅重视水的构图要素及造景功能，同时重视水文化的挖掘，借水抒情，以水传情，更要从人的行为心理出发，营造一些亲水空间，以近人的尺度、安全的环境、新鲜有趣的活动为大众提供看水、戏水、听水、饮水等内容，营造水与人、水与自然的和谐空间。

"缤纷"的乐章：设置园林、园艺参与性活动及科普活动基地，拉近人与自然的距离，增加人与人之间、人与自然之间的交流，体现相互之间的亲和关系，有助于推广园林、园艺新技术、新成就，倡导大众都能热爱绿色环境，参与绿色环境建设，共同建设美好家园。

▲ 图 4-17　第三届（常州）园博会博览园规划方案结构图

▲ 图 4-18　第三届（常州）园博会博览园规划方案总平面图

（3）规划要点

● 因地制宜的规划立意

博览园规划从实用角度出发，充分考虑园区与现状中华恐龙园的衔接，在现状用地基础上运用现有条件布置展园范围，发挥现状元素的潜在价值，体现生态型、节约型园林的宗旨。同时，在规划布局上采用主次轴线（生命绿轴、健康休闲轴）构成全园的主旋律，呼应"绿色奏鸣曲"主题，串联全园各分区节点，联系原有场地与新建场地，实现博览园与中华恐龙园环境上的有机融合与功能上的互相补充，既满足了博览会展示功能的需要，又为主题公园的发展开辟了前景。

● 新型都市生态绿地的营造

考虑到博览园选址在常州现代风景旅游区内，全园风貌应延续都市文脉，体现城市文化品位，所以规划采用现代造园手法，以绿色植物作为主要造景材料，以简约、凝练的几何型图案构筑园区框架，通过线条、图案的组合，配以规整式种植的植物、现代风格的园林小品、雕塑等，给人以强烈的景观视觉效果，营造新型都市绿色景观。

● 人本原则推进人居环境的改善

博览园规划突出人性化设计，体现先进性、观赏性、参与性、开放性。"缤纷"之乐章设置园林、园艺参与性活动及科普

▲ 图4-19　延续都市绿色景观的环境营造

活动基地，拉近人与自然的距离，增加人与人之间、人与自然之间的交流，体现相互之间的亲和关系。"绿"之乐章运用植物材料（地被、花、灌木、乔木）构筑充满活力的、使人回味无穷的自然景观和园林景点，赋予绿色浓厚的文化品位及艺术风格，突出先进性、观赏性、多样性，充分展示我省现代园林、园艺水平。

▲ 图 4-20 "缤纷"之乐章——结合多媒体科普宣传的"绿叶"造型书屋

▲ 图 4-21 "绿"之乐章——多彩地被营造绚丽园林景点

3. 实施效果

▲ 图 4-22 生命绿轴——展示将自然抽象化了的人工绿色景观

▲ 图 4-23 "恐龙蛋"造型主展馆

▲ 图 4-24 博览园内远眺中华恐龙园

▲ 图 4-25 第三届（常州）园博会博览园全园鸟瞰

（三）第四届江苏省园艺博览会规划设计

1. 园博概况

第四届江苏省园艺博览会于 2005 年 9 月 20 日在淮安举办，博览园选址在淮安综合性公园楚秀园用地，占地面积约 45.60 公顷，其中水面 20 公顷。

博览园基地地势平坦，河塘纵横，形成北有雷湖、东南有南湖、西有西湖、中有里湖的贯通回绕水系和湖中有岛、岛内有湖、岛岛相连的优美格局，同时基地内植被茂盛，风景优美，这些优越的基地条件为园博会的举办奠定了良好的基础。

2. 规划构思

（1）主题立意

本届园博会以"蓝天碧水，吴韵楚风"为主题，充分利用现状地形，结合园林、园艺的布置，通过不同的时空段来展示江苏深厚的吴韵楚风、秀美的绿水风貌及丰硕的园林艺术成果，使历史人文与自然生态完美相融。

（2）规划结构

本届园博会博览园规划利用园区现有三片主要岛屿，设置"现代的展示""历史的追忆""未来的畅想"三大功能景区，构成博览园的主题空间；并由"绿水时空环线"将各主题空间有机串联，从而使各景区之间紧密相联。

"现代的展示"景区：以现代造园手法为主，注重体现生态主义思想，各种造园要素充分结合自然植被和湿地环境，使主题空间充满诗意，完美展现了园林园艺的绿色魅力、绿水魅力。

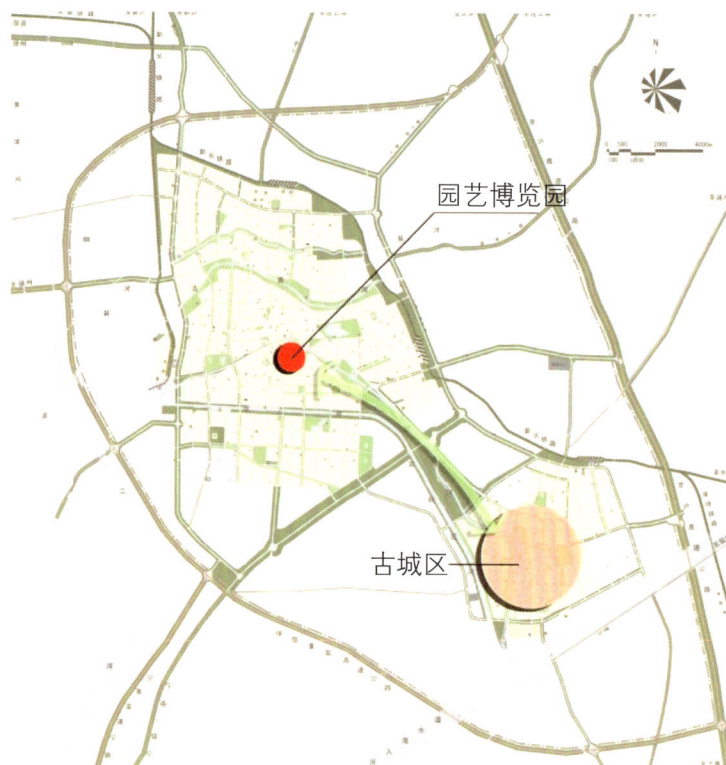

▲ 图 4-26　第四届（淮安）园博会博览园区位图

"历史的追忆"景区：以"历史的追忆"为主线，采用我国传统的造园手法，同时结合对水景的处理，体现古城淮安的水文化底蕴，再现吴楚风韵的秀美场景，使人与历史可进行跨越时空的对话。

"未来的畅想"景区：以新科技、新风格、新材料、新思想为主要内容的展示空间，强调景观的创新性、观赏性、可参与性，真正体现出未来世纪，人们对绿色家园需求的实质所在。

　　"绿水时空环线"：园区的主要环线，以桥梁、树荫、花草、石材、雾、声、光、影等景观元素组景，及绿色植被和水体驳岸组成的游览环线来突出园博会的主题思想。利用现有连接三片主要岛屿的桥体形成环线，依次展开"现代的展示""历史的追忆""未来的畅想"博览园的三大主题空间。主题空间集观赏性、功能性于一体，体现地域文化与生态景观的完美结合，诠释历史、文化与自然的关系，营造出体现淮安深厚文化底蕴的新型园林景观。

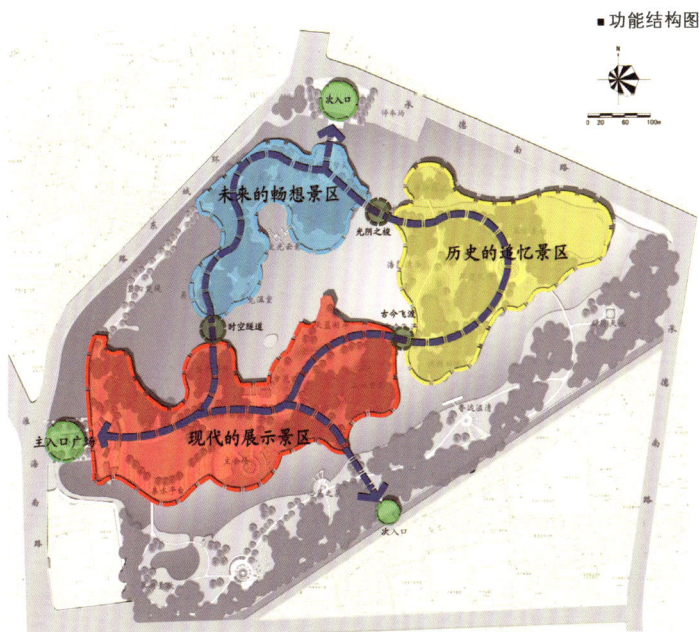

▲ 图 4-27　第四届（淮安）园博会博览园规划方案功能结构图

▲ 图 4-28　第四届（淮安）园博会博览园规划方案总平面图

089

（3）规划要点

● 园林艺术与历史文化彰显

在博览园的规划中体现历史文化名城淮安的地域特色，秉承历史文脉，结合人文资源，充分发扬和挖掘"吴风楚韵"及钵池山道教文化的内涵，营造融入地方文化与活力的体验空间。

利用现有连接三片主要岛屿的桥体形成环线，依次展开"现代的展示""历史的追忆""未来的畅想"博览园的三大主题空间。主题空间集观赏性、功能性于一体，体现地域文化与生态景观的完美结合，诠释历史、文化与自然的关系，营造出体现淮安深厚文化底蕴的新型园林景观。

● 景观布局与历史文化创新

博览园园区水域环绕园区陆地，取意"环水城郭"，整体布局顺应主题，展现地域性地理特色。

运用古典"水必曲"的造园理念，结合驳岸的处理，堆叠黄石，形成多姿多彩、动静相宜的滨水景观。同时，在大口子湖东侧重塑钵池山山体，通过对史料中钵池山形象的记载，运用天然石材与人工塑石的堆砌，结合覆土植被形成的葱葱山林，重现钵池山昔日风韵，塑造出依山傍水的山林景观。

博览园规划布局与城市公园相结合，塑造具有本土文化底蕴和历史文化氛围与自然生态环境共生的环境空间，并实现从园博会博览园到城市公园的功能转化。

▲ 图4-29　体现道教文化的老子雕塑

● 绿色科技与文化元素整合

博览园"未来的畅想"片区规划以现代高科技手段,打造具有时代精神风貌的现代园林。时空隧道以现代桥梁"时空隧道"为纽带,将"未来的畅想"片区和"现代的展示"片区有机相连,同时与"古今飞渡"和"光阴之梭"构成了全园主要游览环线——绿水时空环线。

绿色梦幻利用雕塑、硬质铺地等,运用现代的表现方式,塑造以绿色、自然为主题的水景广场,展示出人们对绿色与自然的探求与思索。

展览温室对水生植物及其生存条件进行研究和探索,利用临水而建的现代展览温室,结合高科技的展示方式,展出品种多样、景观丰富的水生植物。

▲ 图 4-30 五彩斑斓的水中喷泉

▲ 图 4-31 运用高科技的临水展览馆

3. 实施效果

▲ 图 4-32　第四届（淮安）园博会博览园全园鸟瞰

▲ 图 4-34　伸向湖中的亲水廊架

▲ 图 4-35　自然生态的湖中岛屿

▲ 图 4-33　第四届（淮安）园博会博览园入口区鸟瞰

（四）第五届江苏省园艺博览会规划设计

1. 园博概况

第五届江苏省园艺博览会于 2007 年 9 月 20 日在南通举办，博览园选址在狼山风景名胜区（江苏省六大风景名胜区之一，国家 4A 级风景名胜区）内，占地面积约 33 公顷。

博览园依山傍水，选址综合考虑山（黄泥山、马鞍山）、水（长江）、园（滨江公园）的关系，既达到了狼山风景名胜区总体规划中拓展黄马景区至规划环山北路的目标，增加了黄马景区的北侧腹地，又将滨江公园、黄泥山、马鞍山、狼山相互串联起来，丰富了城市滨江生活岸线，增加了游览选择的多样性和观赏的趣味性，凸显新城区和南通的整体环境优势。

狼山风景区在南通市的区位

基地位置在狼山风景区的区位

▲ 图 4-36　第五届（南通）园博会博览园区位图

▲ 图 4-37　第五届（南通）园博会博览园规划平面图

▲ 图 4-38　第五届（南通）园博会博览园规划鸟瞰图

2. 规划构思

（1）主题立意

本届园博会以"山水神韵·江海风"为主题，与南通"江海门户""绿色明珠"的称谓相契合，体现本届园艺博览会鲜明的地域特色和主题特征。博览园规划设计以"传承·和谐·创新"为基本理念，在继承历届园博会成功经验的基础上，发挥南通山水城市和江海交汇点的区位优势以及"秀""雄"的园林城市形象特征，博采众长，兼容并蓄，形成发展、和谐、创新、多元的文化氛围，塑造全新、开放的城市形象。

（2）规划结构

本届园博会规划结构为两轴三区、链式珠联、两脉相承、众星拱月。

两轴：时空轴与感悟轴。园区北部承集地域文化的东西向时空景观轴——南通是江苏省太阳的起点和长江的终点，是时空的汇合点，南通园博园是新时期绿色时空的汇集地。园区南部集汇佛教哲理并具朝圣功能的感悟轴——狼山为佛教圣地，此有感悟佛教哲理和智慧的最高境界"天人合一"之意，亦寓示出佛教文化的博大精深。

三区：全园划分为"曲江谐韵""阔海和风""山水承灵"三个主题片区——以"沿江、沿海、山水"三大主题来展现江苏及南通的江海文化、山水文化及所承载的地域历史文化、佛教文化。

链式珠联：以南通的濠河为串联（濠河

被誉为"少女脖子上的翡翠项链"将各地园林汇集此地。

两脉：东西向串联展园形成狼山新天地（狼山2007）的水脉——长江与大海一脉相联，承集江苏的异域文化，承接人类与自然。依托黄马山脊东西向贯通至狼山的空中观园、观江走廊——黄马景区山顶观景走廊，与狼山景区一脉相通，具有承载自然文化、佛教文化与景观的多元功能。水脉、山脉的贯穿有效地体现了山水神韵之主题。

众星拱月：结构上园博园及主要景观位居狼山、黄泥山、马鞍山围合的地域，整体上构建出"众星拱月"的特色结构，强调与周边环境的融合。

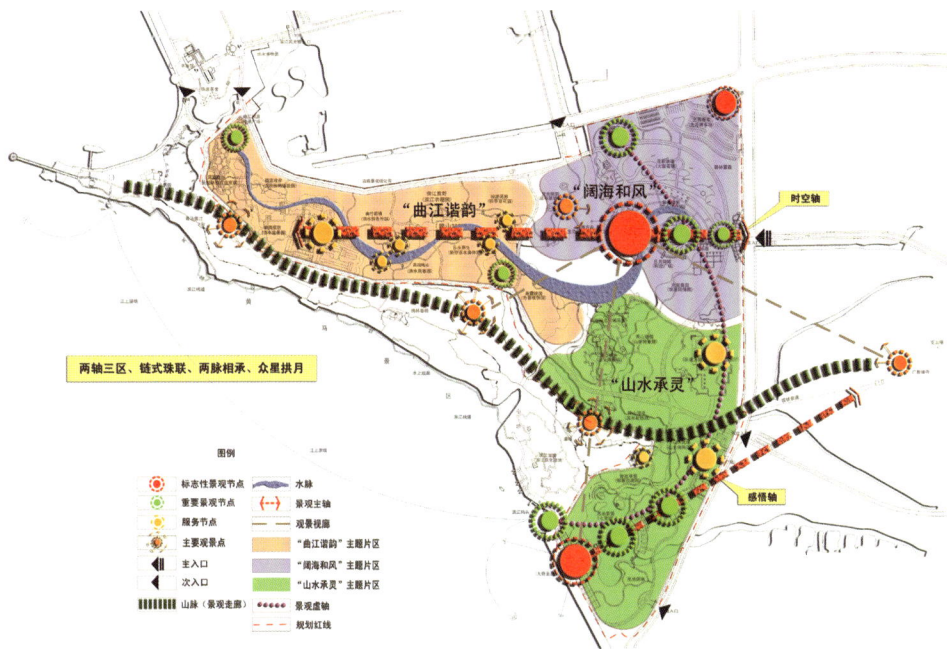

▲ 图4-39 规划空间结构图——两轴三区、链式珠联、两脉相承、众星拱月

（3）规划要点

● 创新式功能布局模式

为突出本届园博会选址优势，在功能布局上充分考虑与狼山风景名胜区互补关系，通过引入休闲、康体、娱乐等一系列创意性项目，建设一座有长期经营价值的、里程碑式的特色园博会博览园。并通过打通配套产业链，形成"资源开发、产品提升、产业链打造、旅游目的地"逐级提升的态势。借此之机，以大幅提高狼山风景名胜区知名度，不断吸引大量游客，成为全省和长三角地区的旅游亮点。

规划总体布局为"两轴三区、链式珠联、两脉相承、众星拱月"，两轴即时空轴与感悟轴，三区即"曲江谐韵""阔海和风""山水承灵"三个主题片区，链式即采用"项链"般结构，珠联即如项链般串联在一起的绿色明珠，两脉即东西向串接展园形成狼山新天地的水脉与依托黄马山脊东西向贯通至狼山的山脉（空中观园、观江走廊），众星拱月即结构上强调与周边环境的融合。

三个片区规划着力于突出各自的特色。其中公园北部区域以展示为主要特色，其规划着力于博览会期间的园林园艺展示及会后的旅游休闲功能，以黄马山为始，其建筑风格总体上由南往北呈"传统向现代过渡"的趋势；南部区域以佛教文化展示与滨江休闲为主要特色，其规划着力于表现山、水、佛融为一体的景观特征、滨江休闲观光特征以及体现佛教文化的虔诚和庄重。

● 融入式展园布局模式

在继承历届园博会成功办园经验的基础上，本次博览园规划摒弃传统摊位式展园布置手法，创新采用融入式布局，将展

园融入整体休闲氛围和周边景区环境，并注重与狼山等外围景观的对视与借景。为突出滨江特色，规划通过众多能便捷通向滨江的路网组织以及滨江大势至造像、滨江栈道、滨江码头等具吸引力项目的建设，把山后博览园引向滨江岸线。

▲ 图4-40　狼山新天地远借狼山之景

▲ 图4-41　滨江栈道及百米诵经长廊效果图

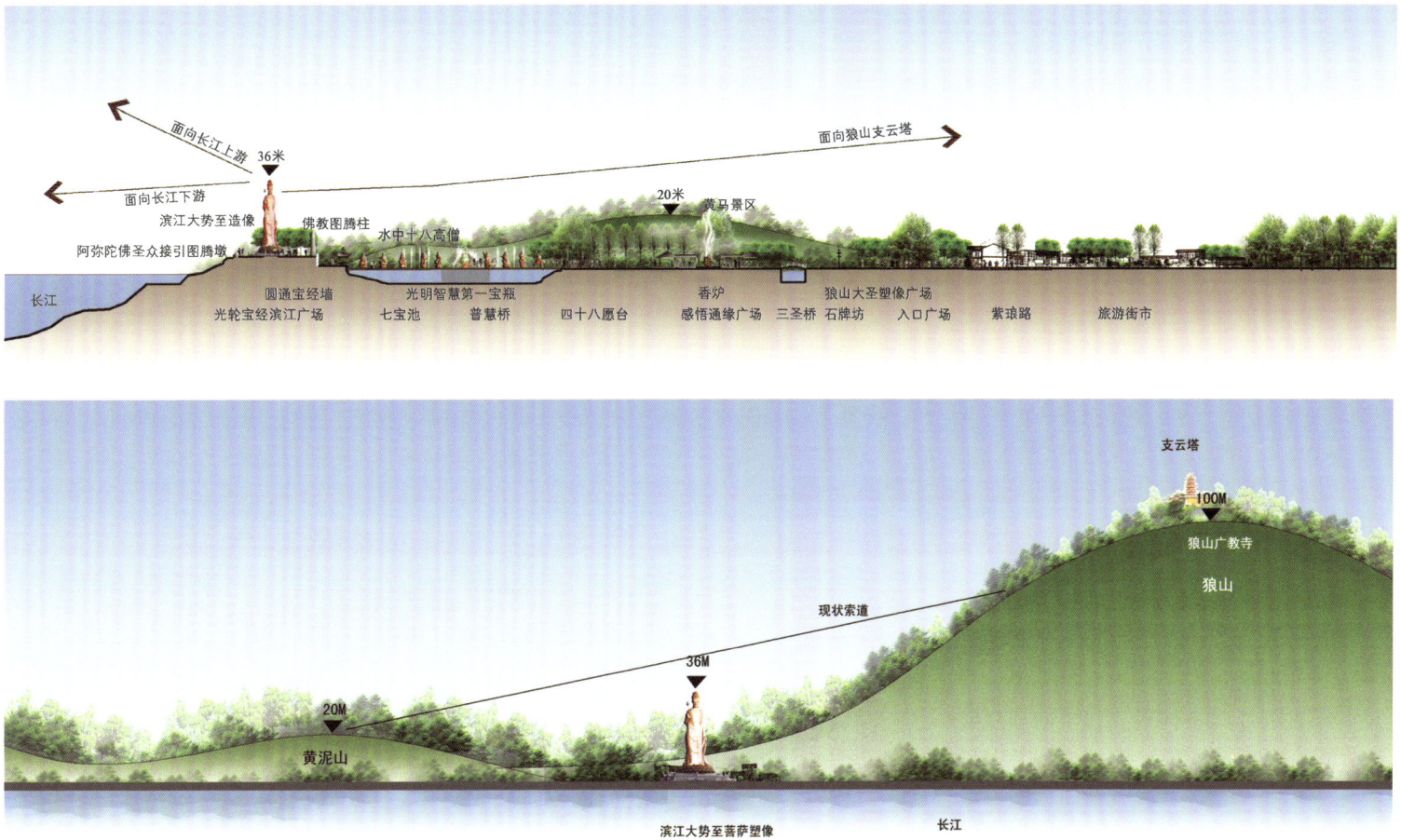

面向长江上游
36米
面向狼山支云塔
面向长江下游
滨江大势至造像
佛教图腾柱
20米　黄马景区
阿弥陀佛圣众接引图腾墩
水中十八高僧
长江
圆通宝经墙
光明智慧第一宝瓶
香炉
狼山大圣塑像广场
光轮宝经滨江广场
七宝池　普慧桥
四十八愿台
感悟通缘广场　三圣桥　石牌坊　入口广场　紫琅路　旅游街市

支云塔
100M
狼山广教寺
狼山
现状索道
36M
20M
黄泥山
滨江大势至菩萨塑像
长江

▲ 图4-42　滨江大势至造像剖面示意图

● 无缝式后续利用模式

由于借助狼山风景区得天独厚的自然条件以及丰富的游客资源,本届园博会更加强调城市的地域文化特色、山水特色以及南通的佛教文化特色,创造新一届园艺博览会的新亮点和旅游吸引力。同时,将具有全新时代特征的休闲、康体等旅游功能融入其中,并采用满足会间使用并可无缝过渡至会后使用的布局方式,提供会期、会后两种方案,为园博园的二次开发预留了充足的发展空间,力图打造博览园全新的布局与建造模式。

▲ 图 4-43 园博会举办期间总平面图

▲ 图 4-44 园博会举办后总平面图

3. 实施效果

▲ 图 4-45　第五届（南通）园博会博览园鸟瞰

▲ 图 4-47　博览园远眺狼山

▲ 图 4-48　苏州展园借景狼山

▲ 图 4-46　第五届（南通）园博会博览园江景

（五）第六届江苏省园艺博览会规划设计

1. 园博概况

第六届江苏省园艺博览会于 2009 年 9 月 26 日在泰州举办，博览园选址在泰州市周山河街区的核心区域，园区占地面积约 100 公顷。

博览园选址位于象征泰州历史文化的城市绿色景观轴线最南端，沿线有泰州市政府、市政广场、环城河公园、人民公园等一系列重要景观节点，也是南部新城的重要大型绿色开放空间，通过园博会博览园的建设，为城市新区发展架设沟通的桥梁，为城市发展注入催化剂。

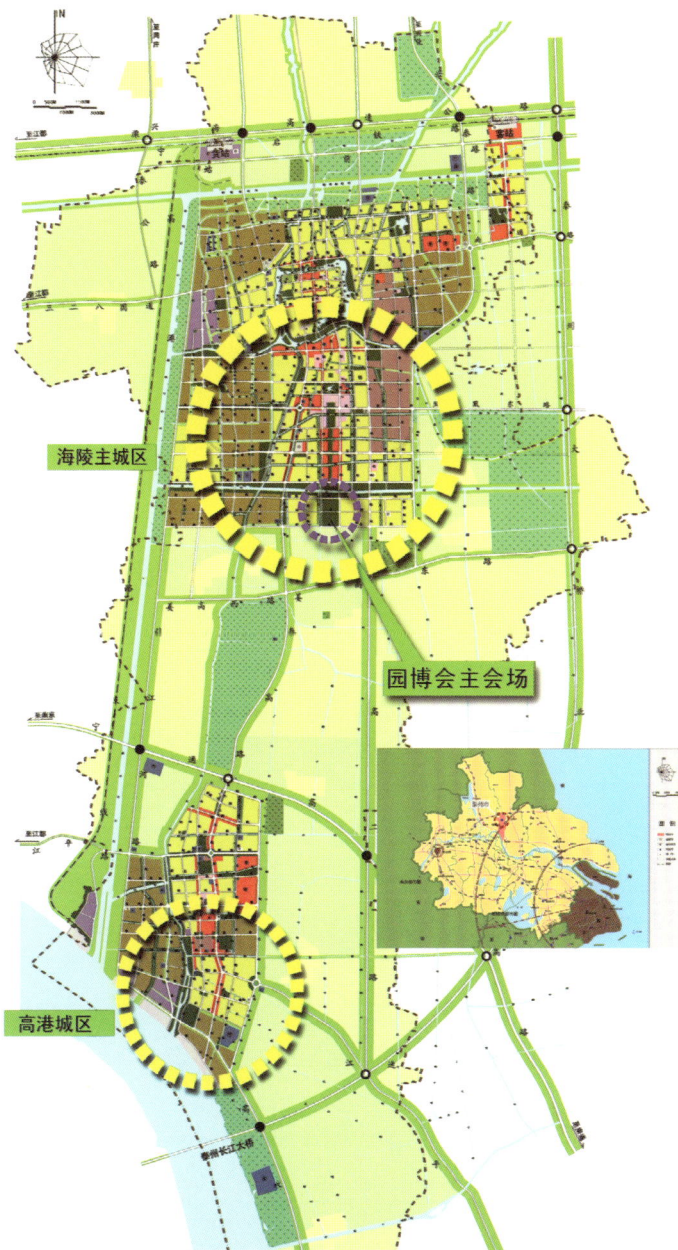

▲ 图 4-49　第六届（泰州）园博会博览园区位图

2. 规划构思

（1）主题立意

本届园博会以"水韵绿城，印象苏中"为主题，以山水画卷为蓝图，以"现代、生态、节约、科技"为宗旨，用现代手法营造生态式城市山林与湿地景观，并利用园湖和周山河水系，与环城河、凤凰河连成一体，彰显泰州水城特色，突出水乡风光，营建集生态功能、美学功能和游憩功能以及良好景观格局的周山河生态公园。

（2）规划结构

本届园博会规划场地由园博会展区和中华凤园（二期）两大功能区组成。

园博会展区：以体现中华民族人文精髓的凤凰文化为脉络，以展现城市和江苏地域风貌特征的水元素为主题，通过景观园林艺术这一媒介，探讨水与自然生态、人居环境、城市文化的相互作用和关系，全面展现水的生态效力、景观活力和文化魅力。

规划由"水与自然""水与城市""水与文化"三大主题篇章组成了博览园的主题空间；由体现城市文化的"瑞凤翔舞——人文和谐之轴"和体现生态理念的"灵水律动——生态和谐之脉"两条主题轴线将园区交织贯穿。

中华凤园：以凤凰为引线，建设高起点、具有一定规模的鸟类生态主题公园，通过"百鸟朝凤"的主题立意，烘托泰州"中华凤城"之美誉，强化"凤凰"的品牌效应，创造人与自然亲密交流的和谐环境，突出生态科普、生态体验、生态休闲三大主体功能，使之与园博会展区在功能与景观上形成互动。

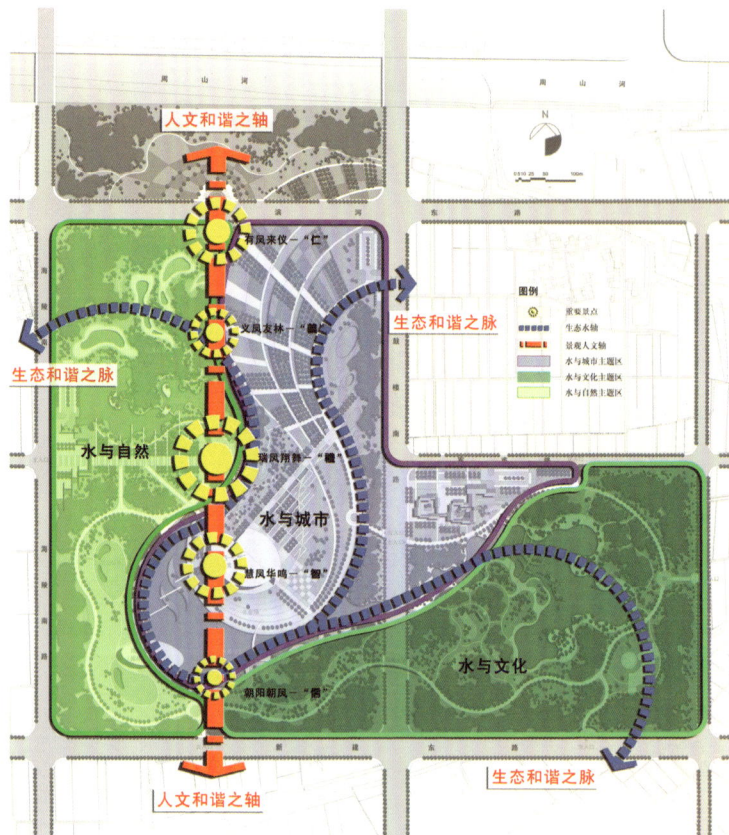

▲ 图 4-50　第六届（泰州）园博会博览园规划方案结构图

▲ 图 4-51　第六届（泰州）园博会博览园规划平面图

（3）规划要点

● 寻求生态回归

博览园规划结合泰州"三环碧水绕凤城"的格局特点，以水作为全园的生态纽带，通过地形的改造调整，形成以主展馆为制高点、中部相对较低、外围地势较高、围合感较强的绿色空间。同时，山体与水体交织相融，形成"山环水，水抱山"的地势特征，既突出主体建筑，又使场地更具有向心力和凝聚力。

在利用挖河堆山营造地形的同时最大限度保留既有近千棵银杏树、成片杨树林和既有港河等水面，展现原有生态风貌。造景材料注重乡土性、多样性，采用大量乡土树种，体现公园乡土特色。园内所有驳岸除建筑基础所需硬化外均为自然缓坡，丰富的水生、湿生和沼生植物营造出生机盎然的特有湿地景观。

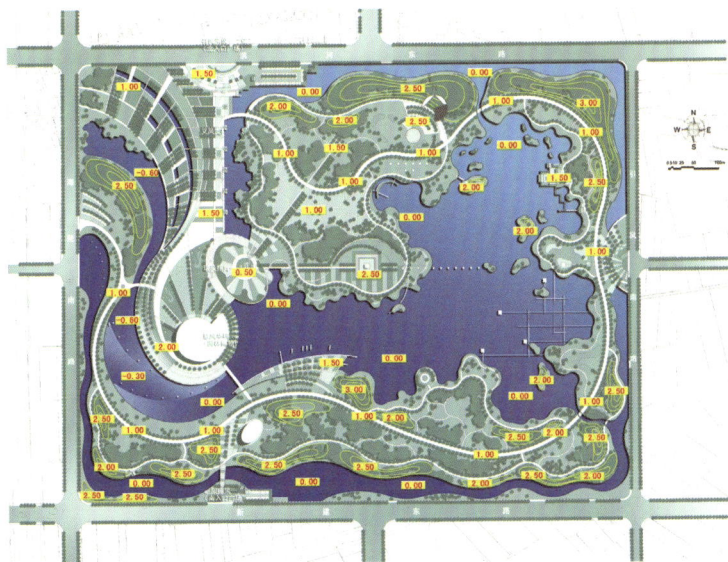

▲ 图 4-53　保留原有银杏林

▲ 图 4-52　通过竖向设计挖河堆山塑造地形

▲ 图 4-54　自然式驳岸倡导生态回归

● 重塑人文之本

延续城市景观脉络，深入挖掘"凤凰"文化的精神实质，采用现代景观理念和高科技手段对城市传统文化进行提炼和抽象表达，通过有凤来仪—"仁"（北入口广场）、义凤友林—"义"、瑞凤翔舞—"礼"（迎宾广场）、慧凤华鸣—"智"（园林博物馆）、朝阳鸣凤—"信"（南入口广场）五处景观节点，形成现代与传统交织过渡、科技与文化完美相融的景观轴线，突出景观给人的精神体验。

● 推广绿色科技

在造园技术上，突出新材料、新技术、新工艺与造园的完美结合，集中展示了 200 多种自播自繁、抗旱能力强的宿根花卉、地被植物和乡土树种。园林照明采用太阳能发电新技术，园林道路采用透水路面，园林建筑因地制宜采用节能新技术等，充分展示现代造园艺术水平，反映了园林绿化建设的创新思维。

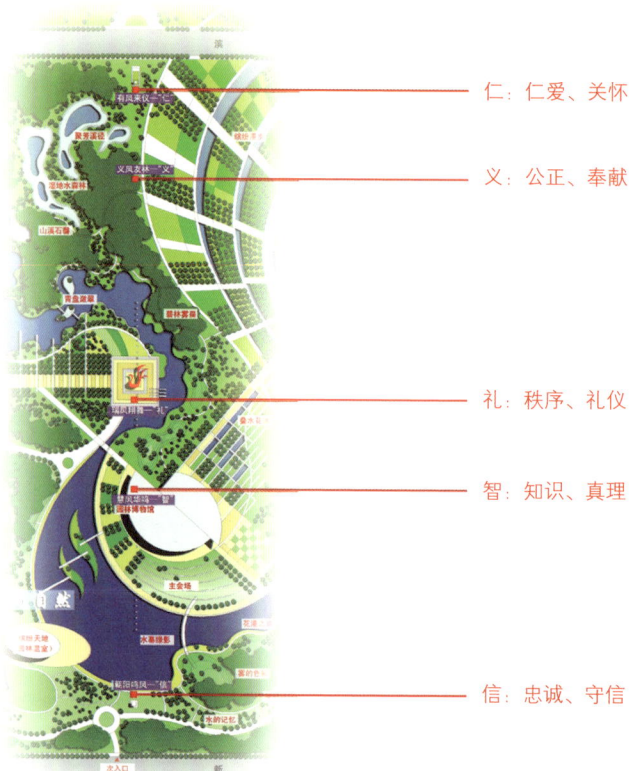

仁：仁爱、关怀

义：公正、奉献

礼：秩序、礼仪

智：知识、真理

信：忠诚、守信

▲ 图 4-55 "凤凰"文化在景观轴线上的表达

▲ 图 4-56 采用节能新技术的主展馆

3. 实施效果

▲ 图 4-57　水中栈道游赏荷花塘

▲ 图 4-58　第六届（泰州）园博会博览园局部鸟瞰

▲ 图 4-59　第六届（泰州）园博会博览园局部鸟瞰

▲ 图 4-60　第六届（泰州）园博会博览园全园鸟瞰

（六）第七届江苏省园艺博览会规划设计

1. 园博概况

第七届江苏省园艺博览会于 2011 年 9 月 26 日在宿迁举办，博览园选址在宿迁风景秀丽的骆马湖畔，占地面积约 69.4 公顷。

博览园的选址位于宿迁市湖滨新城中心商务区的东西向主轴线上，地理位置得天独厚，是宿迁市以及湖滨新城的重要景观节点，骆马湖湖滨绿化景观带的重要组成部分。现状场地内基本无建筑，湖滨新城规划有市政河道贯穿园区，为园区提供了较好的营造水景条件。

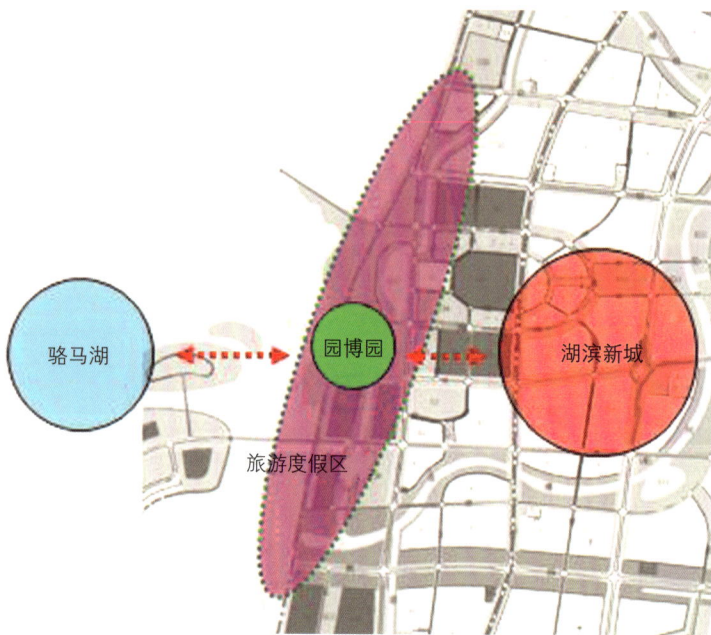

▲ 图 4-61　第七届（宿迁）园博会博览园区位图

2. 规划构思

（1）主题立意

本届园博会以"精彩园艺·休闲绿洲"为主题，按照"生态、节约、休闲、创新"的总体要求，全面展示现代园林园艺发展成果和绿色科技水平。规划设计方案采用现代造园手法，充分挖掘特色滨湖文化，营造生态型、节约型城市园林与湿地景观，突出休闲功能，鼓励创新，着力打造"展园精致、景观优美、自然和谐、风情浓郁"的现代生态园林目标。

（2）规划结构

本届园博会规划结构为两轴——新城中心景观轴线和滨水的商务休闲轴线、一核——中心水景核、六区——主入口服务区、滨水文化广场区、园博会展区、湖滨生态体验区、休闲服务街区和中心水景区。

主入口服务区：规划将主入口设计在银桂路路口，沿银桂路景观大道向西进入博览园和主会场，将路口以北迎春大道以东的三角地块规划为游客接待服务区，在园博会期间配合主展馆使用，会后为游客中心餐饮服务和管理用房。

滨水文化广场区：设计较大面积的铺装场地与大面积的花卉、草坪、休息设施，以满足大量的人流活动需要。沿轴线广场设计一系列设施，如大型船形景观平台、灯光星辰广场、环境雕塑、景观台阶、游船码头、滨水休息构筑物、观景平台等，力图将内外水系通过广场相沟通、连接，成为新城中央景观带的良好延续。

园博会展区：将银桂路以南、玉兰路以北、环湖路两侧的沿湖地块作为园博会的展园用地，并适当填湖堆岛以缓解用地不足，同时将新城主轴线上的滨湖绿地作为文化集散广场，使其与新城景观轴相呼应，引进水体展园设计穿插结合，提高景观的连续性。

湖滨生态体验区：规划考虑与原有浴场、停车场、水渠等设施的衔接，增加餐厅、茶室、游泳池等功能性建筑，扩大雪松路路口的铺地面积，种植片林，使其成为林荫广场入口。

休闲服务街区：规划将主展馆以南、沿市政河道两侧的地块设置为低密度的服务设施用地，融餐饮休闲、旅游购物民俗风情展示于优美的绿色环境之中，采用步行街区的形式，融入当地的文化、风情，将不同的服务空间、景观体块连接在一起，形成良好的步行水街景观，使之成为园博会重要的服务接待区。

中心水景区：根据规划将市政河道在主要景观中轴线上的部分放大为湖面，沿边设计休息观景平台、滨水步道，在创造良好的水域景观空间的同时，又为新城提供了一个面向骆马湖的良好衔接，优美的水景空间还是周边服务建筑的良好映衬。

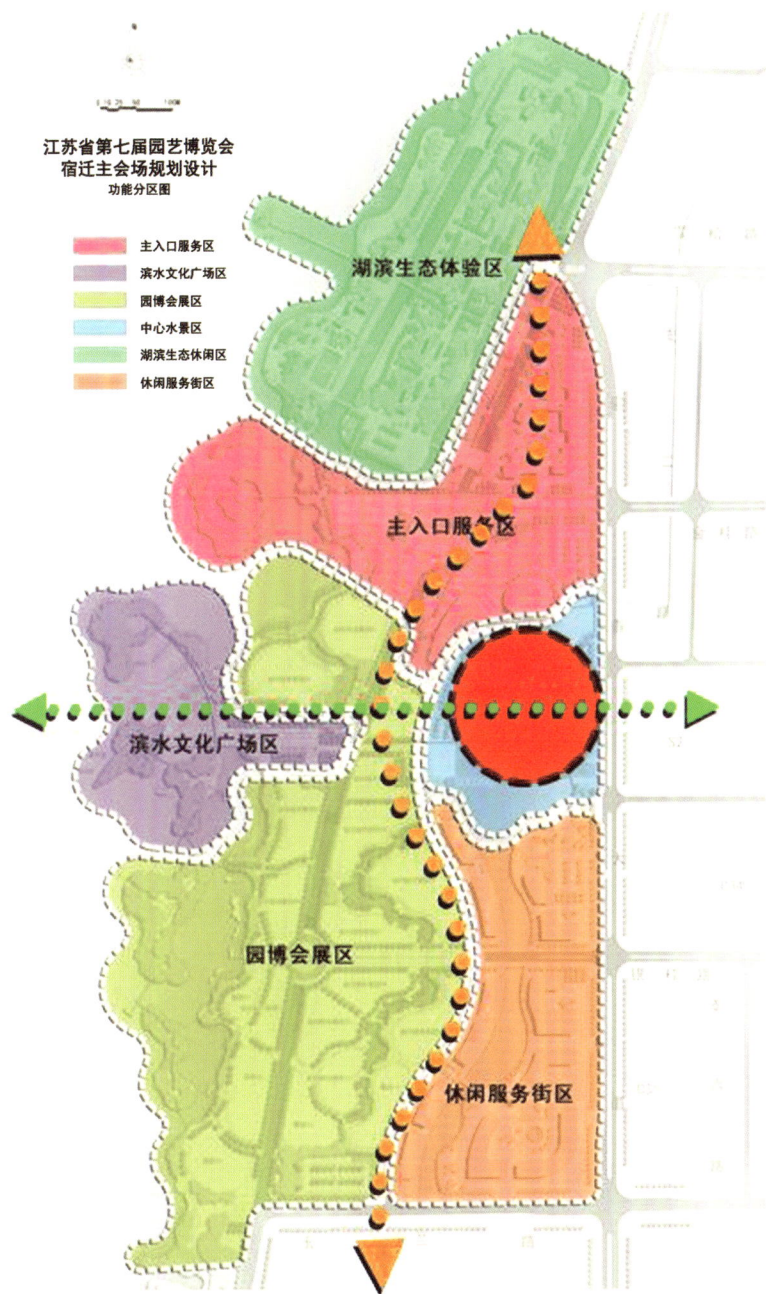

▲ 图 4-62　第七届（宿迁）园博会博览园规划结构图

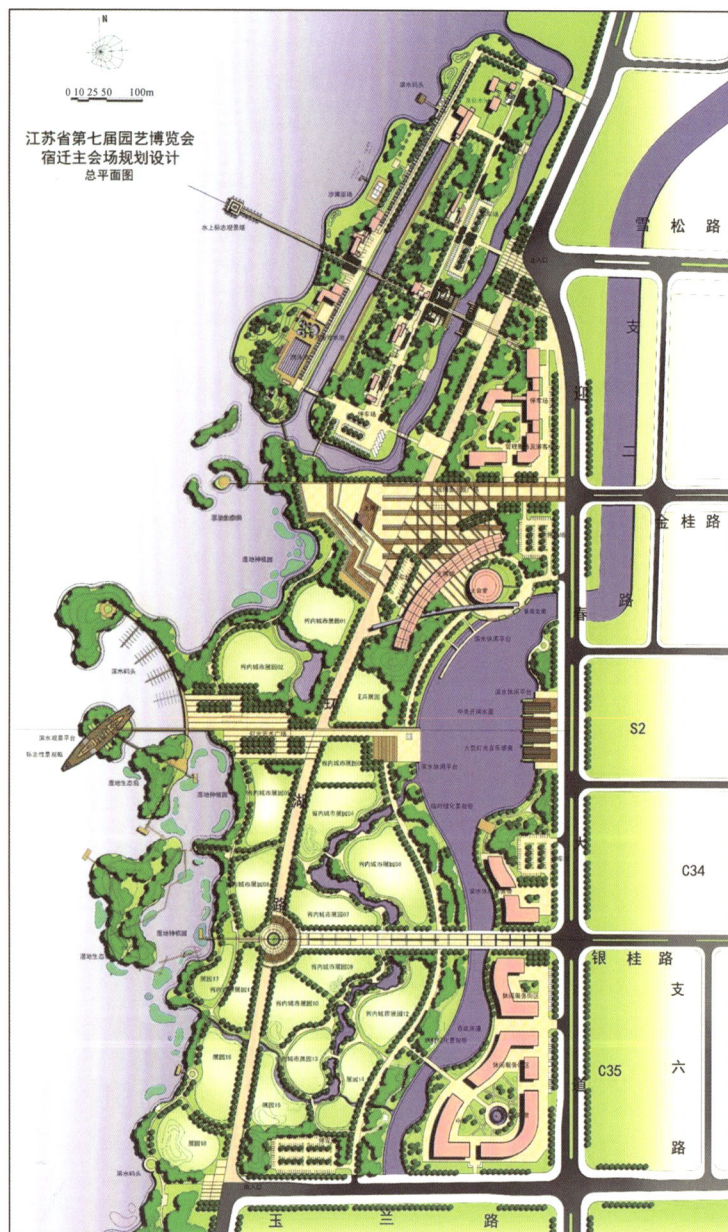

▲ 图 4-63　第七届（宿迁）园博会博览园规划平面图

▲ 图 4-64　第七届（宿迁）园博会博览园规划鸟瞰图

（3）规划要点

● 以湖滨风光为特色的规划理念

充分挖掘湖滨特色，紧紧依托骆马湖，做足水文章，以湖泊湿地为主线，把造园艺术与沿湖自然景观结合起来，彰显大气、开敞的北方园林风格，以丰富的水生、湿生和沼生植物，营造出生机盎然的特有湿地景观。博览园整体规划沿湖而建，贴湖而行，形成水绕园走、人沿水行的亲水格局，游客在观赏精品园艺的同时，浩瀚的骆马湖也尽收眼底，享受无尽的水天一色。在园中建设湖滨浴场，聚集人气，彰显滨湖特色。

▲ 图 4-65　骆马湖水天一色的自然风光

▲ 图 4-66　临湖设置湖滨浴场丰富游赏体验

● 以开放建园为目标的展园布局

规划充分考虑本届园博会开放办会、开放建园的思想，在展园布局上预留有知名企业参展园及友好城市园五个作为备用，并结合滨湖特色在临湖界面设置三个湿地展园。通过开放式办会，扩大了江苏省园博会的影响力和知名度。

▲ 图4-67　第七届（宿迁）园博会博览园展园布局规划图

● 以完善配套为导向的后续利用

本届博览园规划设计与湖滨新城总体规划相衔接，与现有的罗曼园、鲜切花基地、薰衣草基地、嶂山森林公园等园林绿化景点相协调，形成有机统一、相互呼应的整体，打造以博览园为核心的滨湖旅游度假休闲区。全面考虑观光休闲、购物消费、探险游戏、科普教育等多种功能，综合场馆设施的展后利用、二次开发，科学合理地定位各单体建筑功能。

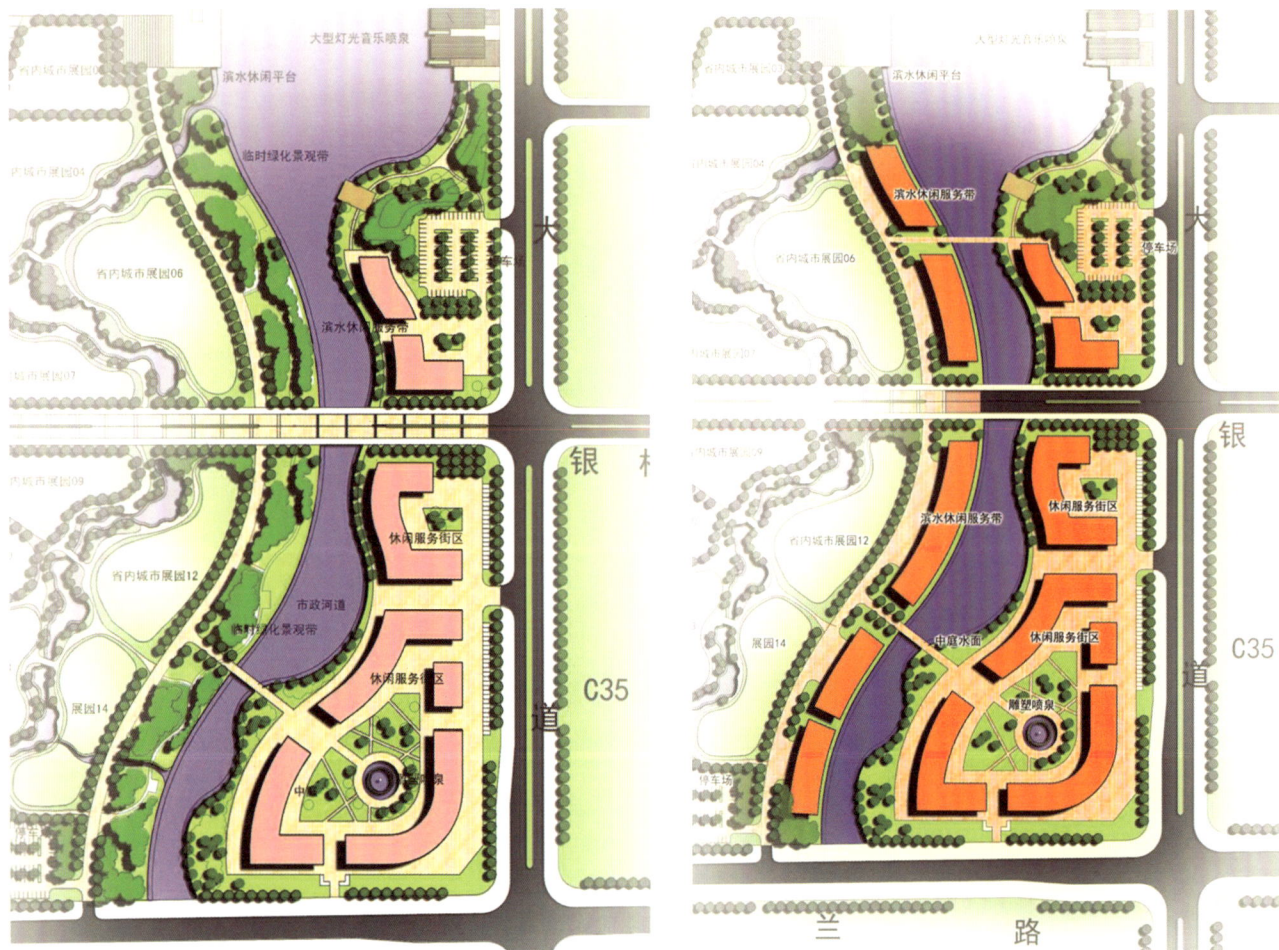

▲ 图 4-68　会展期后服务设施转变为餐饮休闲街区

3. 实施效果

▲ 图 4-69　第七届（宿迁）园博会博览园鸟瞰

▲ 图 4-70　入口展示区主场馆

▲ 图 4-71　骆马湖水天一色的自然风光

（七）第八届江苏省园艺博览会规划与设计

1. 园博概况

第八届江苏省园艺博览会于 2013 年 9 月 27 日在镇江扬中举办，博览园选址于扬中滨江新城南部的长江之滨，是江苏省第一次选择县级市来承办。博览园专为园博会而新建，规划总面积约 200 公顷，一期建设与开发面积约 107 公顷，其中博览园面积 61.2 亩；二期建设形成 3.5 公里长滨江风光带。博览园区位和自然环境优越，有力地带动了开发区发展和滨江新城建设。

▲ 图 4-72 第八届（镇江）园博会博览园区位图

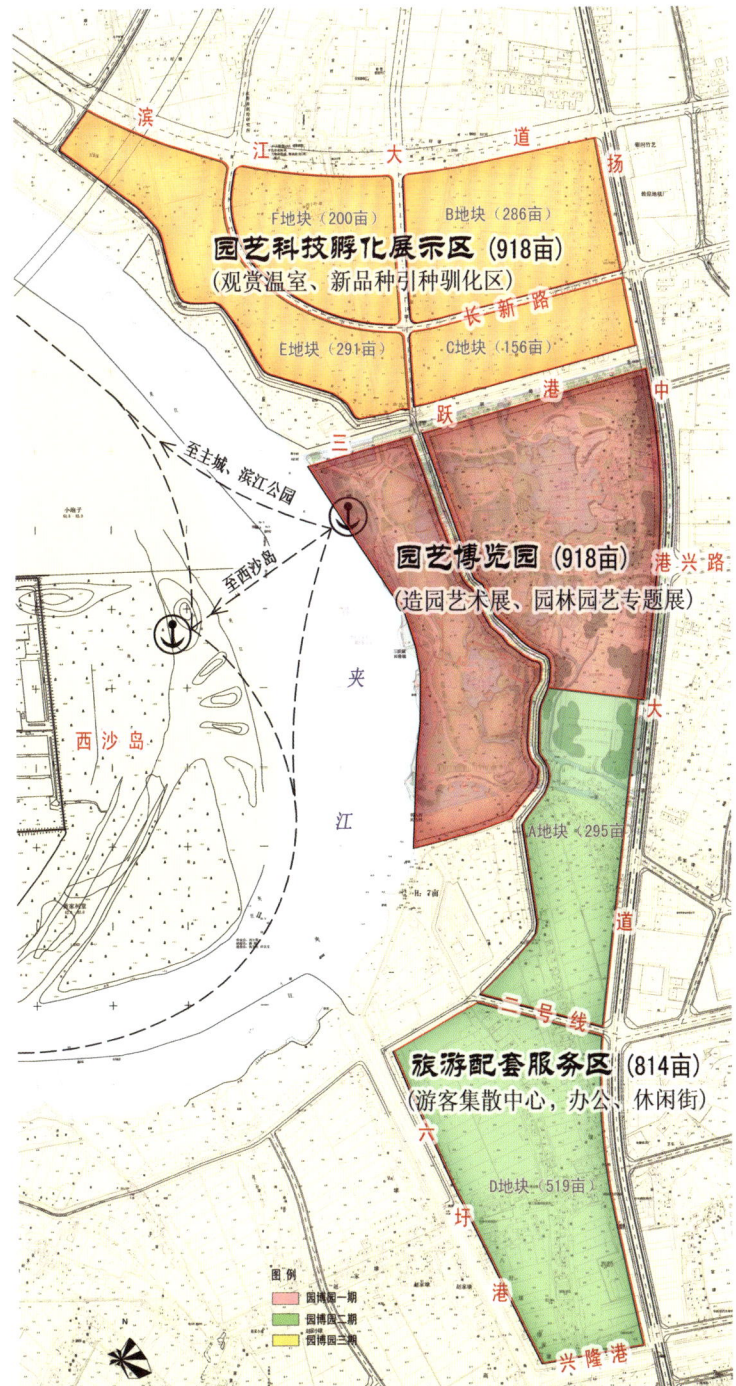

▲ 图 4-73 第八届（镇江）园博会博览园片区总体规划

119

2. 规划构思

（1）主题立意

本届园博会主题为"水韵·芳洲·新园林——让园林艺术扮靓生活"，着力体现"绿色、创新、开放、实效"的办园理念，充分利用扬中市滨江傍水的区位特点和水上花园城市的地域特色，积极探索湿地生态园林景观建设新理念、新模式，营造具有"水韵园博"特征的全新视觉空间。

博览园通过丰富多彩的园林文化、园艺花卉展示以及样本庭院的多元设计与示范建设，呈现融"江、岛、城、园"为一体的"水上花园城市"的生态和景观特征，展现扬中作为江苏"长江第一宝岛"的神奇魅力和历史文化特征，并倡导园林园艺贴近群众生活，引导和激发全社会对和谐人居环境的关注与追求。

（2）规划结构

利用扬中作为"水上花园城市"的优势、基地滨江傍水的特点以及江堤场地高差大等特征，重点打造"水上园博""湿地园博""立体园博"三大生态型景观。最终呈现"江傍园、园融水、水蕴绿"的空间布局特点和"一核、一脉、一轴、四区"的空间结构。

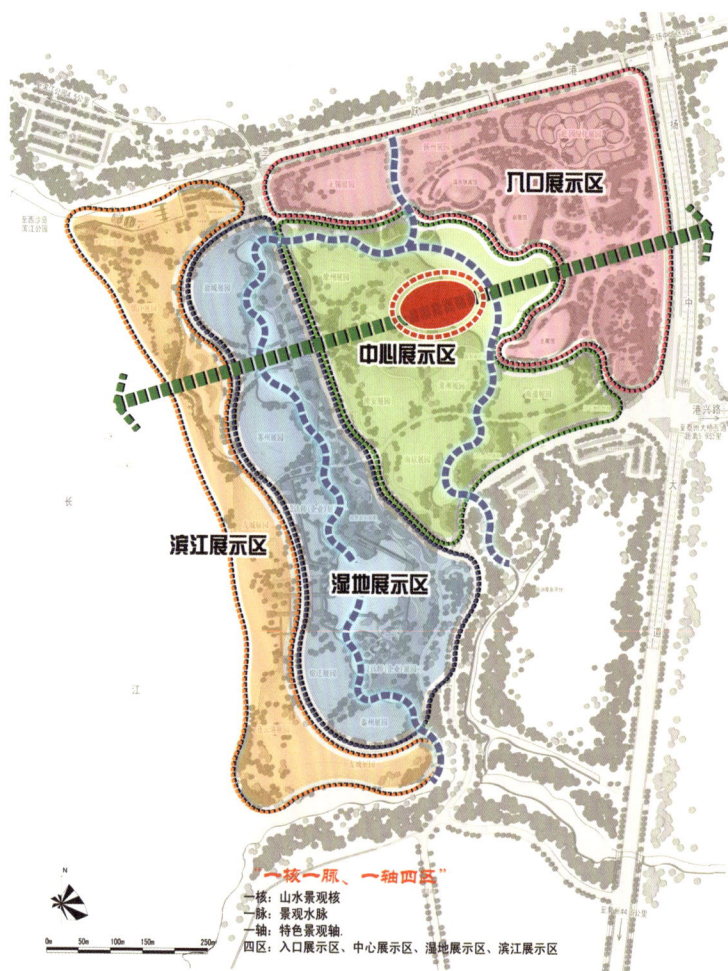

▲ 图4-74 第八届（镇江）园博会博览园规划结构图

120

▲ 图 4-75 第八届（镇江）园博会博览园规划方案总平面图

（3）规划要点

● 创新型技术应用

以尊重场地特征和突出办园主题为基点，借助公共景观区域的特色展园和室内展馆，融入节能、环保等绿色科技，引导博览园在"四新"（新工艺、新技术、新材料、新品种）应用上做到示范和引领。

保留利用原生湿地片段，引入湿生植物新品种，营建生态郊野的湿生植物展园；以扬中特色水产河豚为原型，运用"定型模板、多曲面幕墙、钢结构加工"等技术打造主副展馆，作为展示插花、盆景、赏石、根雕精品、观赏鱼类、园林书画和摄影作品等专题展的展示空间；庭院绿化展着重打造多样化精品样本庭院，借助庭院绿化新材料、新品种、新技术的综合应用，倡导和推广贴近群众生活的生态型、节约型景观；空中花园则应用了吹沙袋、抛石护岸等地基加固技术，巧妙地利用了临长江的优势条件，突破场地在面积、形态、防洪、排涝、风载、高差、地基承载力等方面的限制，保证了滨江景观的安全性。

● 浸入式文化体验

发掘扬中地域文化，以汪静之所著的"扬中史诗"《大江东去》为创作来源，利用生态造园理念和文化造园艺术，衍生形成"沙与水的神话""沙与洲的传说""扬子江的交响"等十大主题景观空间，以不同的形式展示扬中宝岛的神奇魅力和波澜壮阔的历史画面。

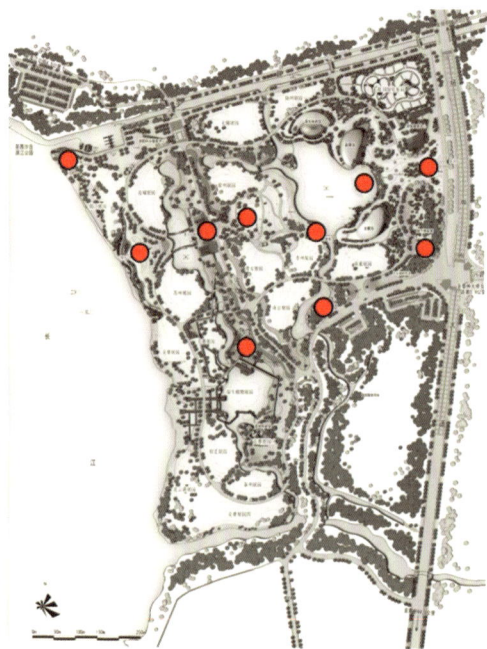

《大江东去》十大篇章：

· 《沙与水的神话》
· 《沙与洲的传说》
· 《沙上人的典故》
· 《浪与舟的歌谣》
· 《拓荒者的剪影》
· 《探索者的素描》
· 《血与火的辞章》
· 《夜与昼的舞蹈》
· 《花园城的旋律》
· 《扬子江的交响》

▲ 图 4-76 十大主题景观空间

▲ 图 4-77 主入口"沙与水的神话"景观

● 溶解式展园布局

采用"生长"式布区、"溶解"式布园、"内涵"式串景以及"融合"式引导手段,形成明晰的功能性和景观性空间。摒弃了传统"各自为政"的城市展园设计模式,将博览园作为一个有机体系统筹考虑,首次从"造园特征""空间设计要点"和"技术应用"等方面向各展园设计单位提出引导要点的控制指标,以保证整个博览园在景观风貌、交通组织、竖向设计和绿化空间上合理对接。

● 节约型绿地建设

强调植物多样性建设和节约型绿地建设,大量应用湿生植物、自繁衍草花、观赏草、岩生植物、沙生植物等低维护绿化材料,并尝试新型生态绿墙、绿雕、容器苗等绿化快速成景技术和多个植物新品种应用,使本届园博会汇聚了 500 多个品种、10 万多株植物,在历届园博会中栽植植物种类最多。

● 无缝式后续利用

将博览园选址、规划、建设与城市发展诉求充分结合,并与后续土地利用、旅游开发及百姓生活充分对接,使园林园艺进一步贴近群众生活,体现"让园林艺术扮靓生活、服务普通百姓"的宗旨与方向。如展馆会后保持其主要功能,适当增加大型室内表演、休闲等功能和园区南部预留了足够的远期发展空间等措施,使博览园会后成为扬中滨江旅游开发的核心景点,带动滨江风光带的后续开发建设,推动扬中大旅游格局的形成和扬中经济开发区人居环境的建设。

▲ 图 4-78 岩生植物展园

3. 实施效果

▲ 图 4-79　主入口及主展馆景观

▲ 图 4-81　主展馆及音乐喷泉

▲ 图 4-80　主展馆及湖面景观

▲ 图 4-82　滨江岸线的生态化处理与芦苇湿地的保留利用

▲ 图 4-83 "扬子江的交响"主题景观

▲ 图 4-85 空中廊桥结构透视

▲ 图 4-84 利用地基加固技术形成的百花广场远眺

▲ 图 4-86 保留利用原生湿地,营建湿地植物展园

（八）首届中国绿化博览会规划与设计

1. 绿博概况

中国绿化博览会，是中国绿化领域组织层次最高的综合性博览会，首届中国绿化博览会（以下简称"绿博会"）于 2005 年 9 月 26 日在南京举办，博览园选址位于江苏南京河西新城区滨江风光带内，占地总面积约 70 公顷。

博览园的选址处于南京河西新城片区的核心位置——滨江风光带，西临长江，与江心洲隔江相望，东依秦淮河与南京老城相邻，群水环绕，滨江依滩，是未来南京新城区内生态绿地系统的重要组成部分。通过滨江风光带的建设，滨江景观充分利用，形成以沿江、沿秦淮河绿地景观为主体，沿水系和道路绿化为连接纽带的生态绿地系统。

▲ 图 4-87　首届绿博会博览园区位图（江苏南京河西新城—滨江风光带）

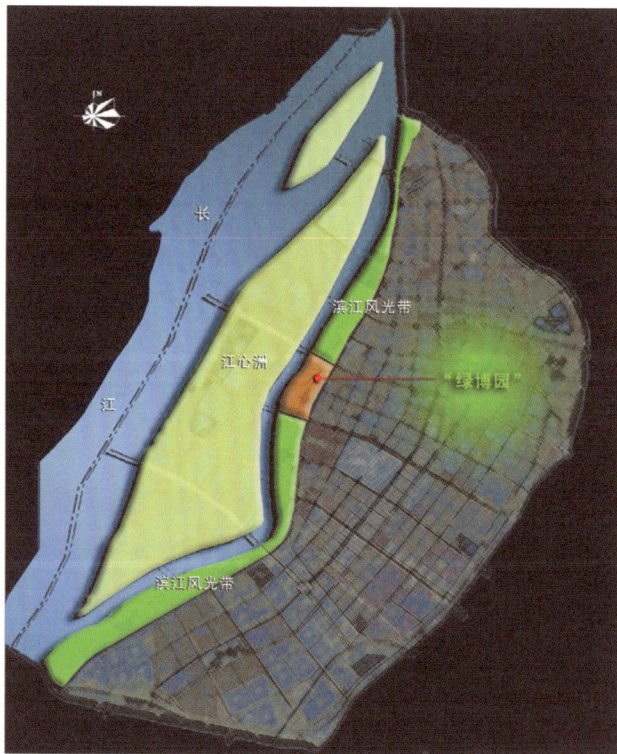

▲ 图 4-88　首届绿博会博览园规划总平面图

2. 规划构思

（1）主题立意

本届绿博会以"以人为本，携手共创绿色生态家园"为展会主题，博览园规划以"翔——绿色文化的传承与新生"为核心理念，从景观、科技、文化和效益等方面体现创新思路。设计遵循生态、文化、科技、人本的原则，通过对绿色文化的全新阐释，提升园区的设计与建设品质，为城市环境建设起到良好的示范作用，并给河西地区乃至整个南京带来崭新的发展空间。

▲ 图 4-89　首届绿博会博览园规划总鸟瞰图

（2）规划结构

本届绿博会规划采用"一核心、三轴线、多功能片区"的空间结构。

一核心：以主入口与主展馆及周边水体与环境为景观空间核心，形成主体空间架构，组织各功能片区与规划布局。

三轴线：一条主轴线与两条次轴线。主轴线——从主入口广场起，经博赏大观、主展馆内广场，至如歌秋韵、揽江抒怀景点。次轴线——一条次轴线沿防洪大堤设置，串联若干景观节点，与主轴线在如歌秋韵、揽江抒怀景点交汇。另一条沿规划水系设置，自然曲折，富于动感，打破带状空间单调效果，突出体现江南水乡特色；主展馆与温室前水面放大，形成绿化、建筑和水体交相呼应的景观效果。两条次轴线顺应地形，阴阳互动，构成区内纵向主骨架，与主轴线一起连接园区各功能区，使全园成为有机整体。

多功能片区：结合博览园功能要求，针对不同地形特点，合理布局各功能片区，形成丰富多样、统一协调的整体景观效果。

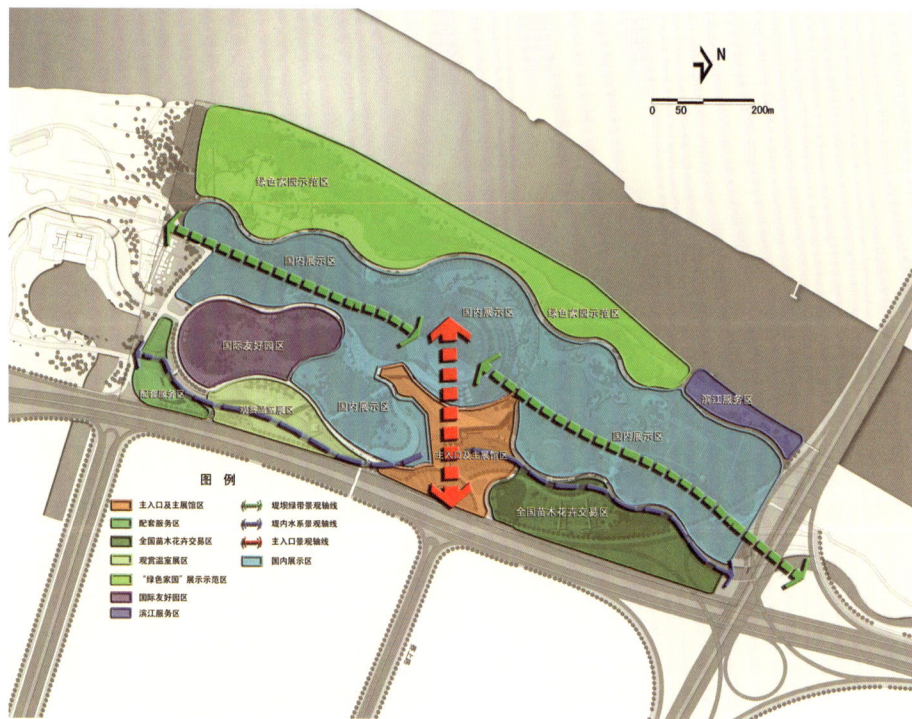

▲ 图4-90　首届绿博会博览园规划结构图

（3）规划要点

● 设计功能多样化

博览园从规划伊始就考虑会展期间与期后的功能过渡，不仅满足短期举办的绿博会的各项博览活动内容，也考虑到作为未来永久性城市生态公园的休闲旅游、绿色公园等功能与综合效益；同时，在会展期间通过景观片区、交易片区、展园片区、特色示范区等"十二大"功能区强调博览园的游赏性、科普性与多功能性。

● 生态技术的运用

博览园的植物规划采用乡土化、群落化模式，多选择本地乡土化树种，因地制宜，乔灌花草合理搭配，群落化种植。园区内建筑、水体、环境等通过生态环保方式建造，材料选择突出环保示范性。多采用环保能源（如结合滨江区位，合理利用风能）与环保材料，减少污染与能源消耗。

▲ 图4-92 首届绿博会博览园规划植物设计分区图

▲ 图4-91 首届绿博会博览园"十二大"功能区

▲ 图4-93 乡土树种应用

● 滨江原生态的营造与保护

博览园竖向设计丰富多变，充分考虑与建筑、景观、水体以及植物的结合，针对不同水位高程的地形特点，形成步移景异的空间效果；土方工程充分利用基地内现状，尽量减少工程量，保证园区建设的土方平衡。

博览园规划强调防洪功能与景观化、生态化的结合。在满足防洪功能的前提下，对长江大堤进行生态化、景观化处理，打破传统大堤生硬、笔直、千篇一律的景观效果。同时，注重滨江原生态保护，保留整饰原有湿地、芦荡，师法自然，营造滨江特色景观，形成具有自然情趣的生态湿地，既体现自然生态理念，又能提高博览园的观赏性与娱乐功能。

▲ 图 4-94 首届绿博会博览园规划全园竖向设计图

▲ 图 4-96 登堤步道的竖向处理

▲ 图 4-95 首届绿博会博览园全园竖向立面示意图

● 交通方式的组织

博览园交通规划力求便捷明晰，合理组织游览车游线、步

行游线、消防通道、出入口、停车系统等，流线强调多样化、有序化，满足管理和游览需求。

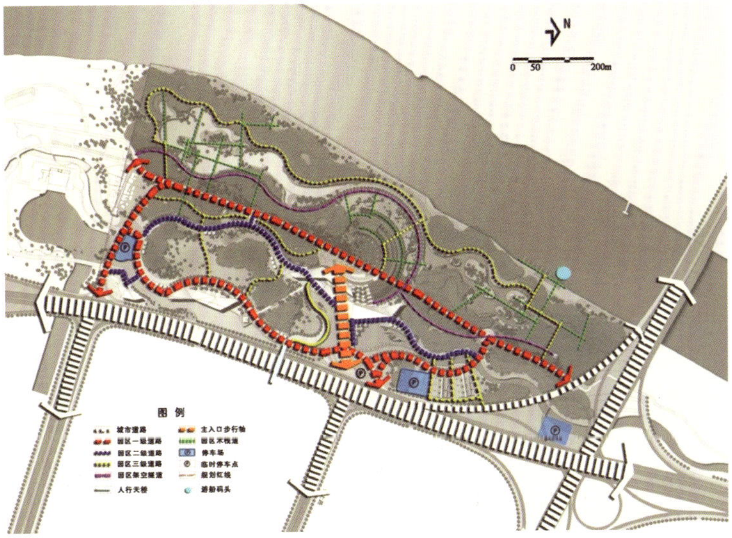

▲ 图 4-97 首届绿博会博览园道路交通规划分析图

▲ 图 4-99 生态园路（1）

▲ 图 4-98 长江大堤景观步道

▲ 图 4-100 生态园路（2）

3. 实施效果

▲ 图 4-101 长江大堤两侧景观改造

▲ 图 4-103 湿地原生景观（2）

▲ 图 4-102 湿地原生景观（1）

▲ 图 4-104 滨江风力发电

（九）第八届中国花卉博览会规划与设计

1. 花博概况

中国花卉博览会（以下简称"花博会"）始办于 1987 年，每四年举办一次，是我国规模最大、影响最广的国家级花事盛会，被誉为中国花卉界的"奥林匹克"。

第八届中国花卉博览会于 2013 年 9 月 28 日在素有"花木之都"美誉的江苏常州举办，博览园选址位于常州西太湖西北角湖滨，紧邻花木之乡嘉泽镇，项目用地面积约 198 公顷。

2. 规划构思

（1）主题立意

本届花博的主题为"幸福像花儿一样"，围绕这一主题，通过幸福五环的五种颜色与五大特色片区——对应集中探讨了花与生活、花与自然、花与科技的关系：代表热情的红色文化环对应着入口片区，代表生态的绿色环对应着山水展区，代表希望的蓝色产业环对应着湿地展区，代表浪漫的紫色展示环对应着室外展区，代表愉快的黄色社会环对应着主场馆区。

（2）规划结构

本届花博会博览园规划结构为"一核、一环、一轴、一脉、五大片区"，形成以山水为骨架，以花山为核心，以花溪和花径为纽带，自然风光为片区的点、线、面结合的空间景观结构。

入口片区：该片区由游客中心、售票点、花博广场、立体花带、滨水广场和雅集园等组成。构图以花朵为元素形成整体性较强的入口景观。

▲ 图 4-105　第八届花博会博览园区位图

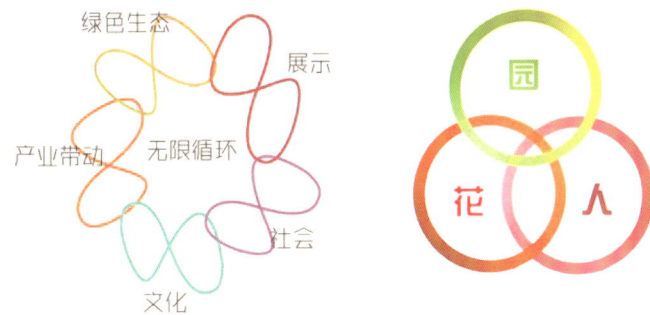

▲ 图 4-106　主题概念图

133

山水展区：该片区主要由花山、花溪、花廊、诗意江南、观演草坡、水上舞台、儿童乐园、游船码头、创意馆以及艺术馆组成，通过空间的竖向变化、水系的贯通、场地的围合和景观的营造，塑造了全园的景观核心。

主场馆区：主要由主场馆、南入口广场、停车场及游船码头等组成。

室外展区：由各省市展园、地方展园、专题展园、企业展园、国际展园五个区域组成。

湿地展区：由跌水花田、湿地栈道、湿地森林、自然馆和码头服务建筑等组成。

（3）规划要点

● 面向后续利用的规划理念

结合城市诉求与滨湖旅游产业发展，本届花博会博览园规划将会期综合馆作为会后国际会展中心和湖景酒店，将会期自然馆、艺术馆和创意馆作为永久性的自然、科学、艺术的科普馆，将会期雅集园作为常州文化精髓和艺术大师的集聚地，将会期室外展区作为会后为城市配套的花卉休闲公园，确保场地、场馆永续利用。同时，通过会后举办的各类花卉展、艺术节、音乐节等创意活动以及经常性举办的各类花卉展销、文化活动和产业论坛，给花卉产业的发展不断注入新的生机和活力，让花博会永不落幕。

▲ 图 4-107　第八届花博会规划结构图

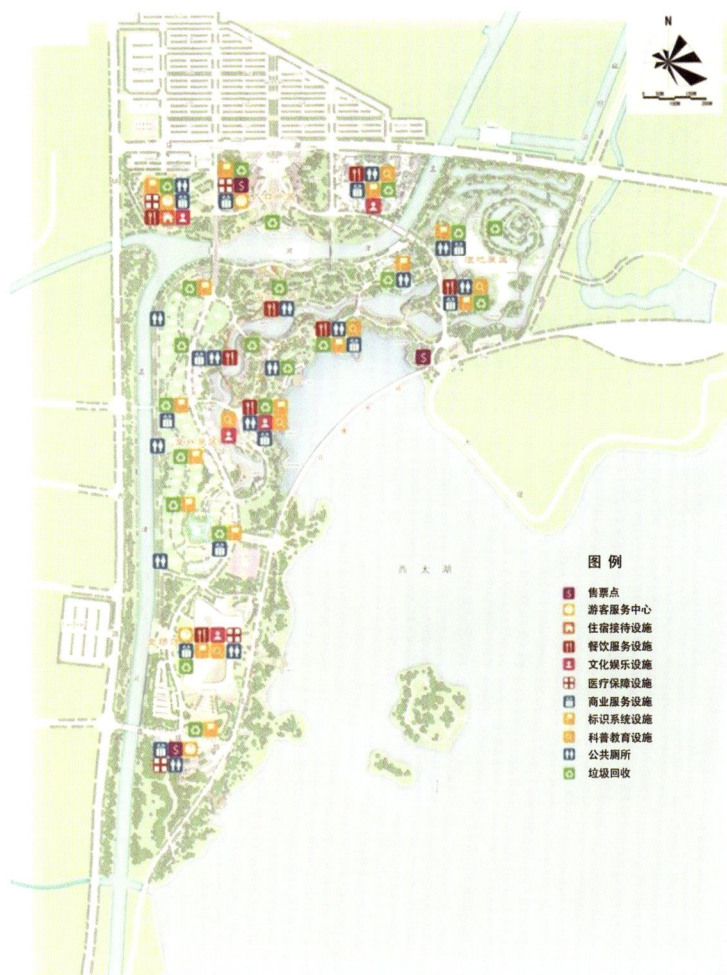

▲ 图 4-108 第八届花博会博览园配套设施规划图

▲ 图 4-109 第八届花博会博览园后续利用规划图

▲ 图 4-110　永久性的自然、科学、艺术的科普馆
（建筑效果图由澳大利亚 LAB 尚墨公司设计、提供）

● 基于地域和时代特征的特色定位

博览园规划紧扣主题，以"浪漫、自然、趣味、和谐"为构思，基于"花都水城，浪漫武进"的城市特色和滨湖临水的场地特征，通过富有变化的空间布局和独特的立体式展示方式，围绕"五种色彩，幸福五环"的概念形成入口片区、山水展区、湿地展区、室外展区、主展馆区五大特色片区，打造出一届自然、浪漫的水上花博会和动感、梦幻的空中花博会，形成历届最具地域特征和创意特色的花博会。

● 富于景观创意和功能融合的规划布局

按照生态化、景观化的原则，博览园方案规划精心组织景观与安排各种配套设施，做到空间布局、景观组织与功能配套有机结合，并注重细节设计。规划在入口片区设置了雅集园，集中展现武进地域文化特色；在山水展区结合防洪功能营造丰富地形景观，并融入观演舞台、创意馆、艺术馆等功能和打造富有现代感的滨水游憩带；在湿地展区结合西太湖补水工程和前置库设置湿地展园区并设置湿地自然馆，体现生态理念；规划以花的表征与内涵为创意之源打造精致室外展区；主展馆区建筑则结合星级宾馆、码头等功能，充分融入生态技术的应用与展示。

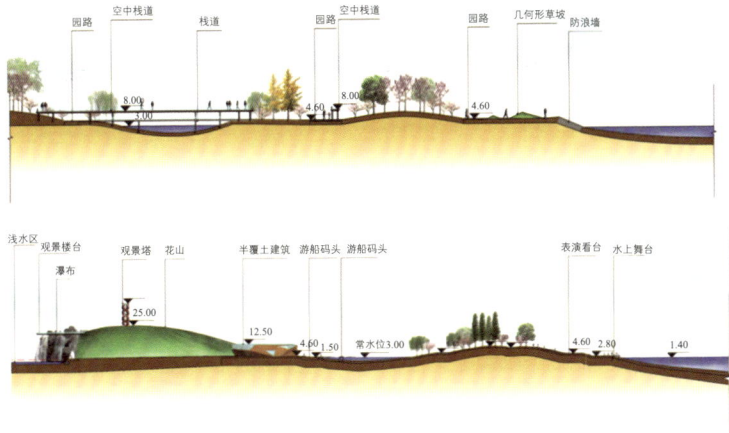

▲ 图 4-111　丰富的空间布局与立体的展示方式

▲ 图 4-112　以幸运五环为主题的雕塑

▲ 图 4-113　体验武进文化的雅集园
雅集园方案由东南大学朱光亚教授团队设计

137

▲ 图 4-114　结合防洪功能的地形营造

▲ 图 4-115　展现生态理念的湿地展区

▲ 图 4-116　以花的表征与内涵为创意的精致室外展区

▲ 图 4-117　结合码头、宾馆、花园于一体的主展馆
（主展馆方案由上海现代集团设计）

138

3. 实施效果

▲ 图 4-118　第八届花博会博览园全园鸟瞰

▲ 图 4-119　雅集园实景

二、规划实践篇

（一）第九届江苏省园艺博览会规划与工程设计

1. 园博概况

第九届江苏省园艺博览会于 2016 年 4 月在苏州市吴中区举办，项目选址于苏州吴中太湖之滨临湖镇东侧乡村田园地区，与东山、西山隔水相望，沿路相连，交通便捷，具有乡村特色鲜明、周边旅游资源丰富、市政配套便利显著的特点。项目总面积 236 公顷，其中主展区面积约 110 公顷。

苏州古典园林是世界文化遗产，是中国传统园林艺术的典范，代表着东方园林的最高成就。同时，十八大提出的美丽中国与生态文明及其一系列发展新理念为园林艺术发展提出新的要求和指引。因此，项目在深入贯彻落实科学发展观和秉承"交流、示范、探索、创新"办会宗旨的基础上，进一步体现尊重自然、资源节约和生态性、时代性的理念，研究江苏风景园林艺术的继承和发展，探索新园林建设模式，展示园林科技，引领园林园艺发展方向，发挥园博效益，为改善城市人居环境、提升城市品质、丰富群众生活、激活城市区域经济发展做出积极贡献。

2. 规划构思

（1）主题立意

第九届（苏州）园博会以传统水墨的艺术视角去审视、欣赏传统园林艺术，用水墨写意的手法去表现当代对园林艺术的审美意趣、探索创新、营造智慧。表现风景园林对传承与发展的思考，对保护与利用的理解，对自然艺术的追求，对生态文

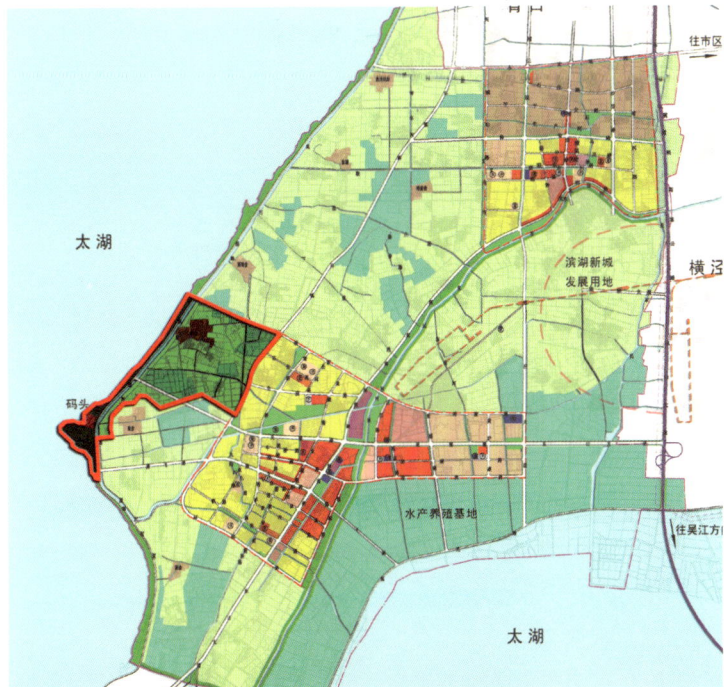

▲ 图 4-120　第九届（苏州）园博会博览园区位图

明的实践。同时，围绕"水墨江南，园林生活"的会展主题，将太湖田园风光、江南水乡村落和现代博览公园有机结合。

▲ 图 4-121　"水墨江南，园林生活"的会展主题

（2）规划结构

规划采用现代造园手法，充分挖掘太湖文化、吴地文化，倡导运用生态、节能、环保等绿色科技，营造生态型、海绵技术应用示范园与滨湖景区，以建设示范性、先进性、观赏性相结合，呈现"园水相生，水绿相融"的空间布局特点，力图打造"整体郊野大景观，局部雕琢巧园林"。通过多方案比选，规划形成"一核、两脉、四片区"的空间结构。

一核：园博园室外核心展区与中心景观湖。

两脉：园博园陆上游览主线"墨线"与水上游览主线"水脉"。

四片区："印象江南""诗画田园""写意园林"和"情自太湖"四大功能和景观片区。

（3）规划要点

第九届（苏州）园博会秉承江苏省园艺博览会的办会宗旨，围绕"水墨江南，园林生活"的会展主题，融合博览公园、乡

▲ 图 4-122　第九届（苏州）园博会规划结构

野田园和精神家园，打造一届山水·田园园博会、生态·科技园博会和人文·生活园博会。

● 山水·田园园博会

苏州市吴中区以"真山真水"为特色，全区独占太湖五分之三的水域，选址区域可以远眺穹窿、尧峰，举目太湖水，遍及湖中岛。第九届（苏州）园博会首次将自然形态的村庄包容其中并布置独立展区，以"小桥流水人家"的田园风光融入园林园艺，既生动展示江南独有的田园风貌，又以水陆结合的交通方式使人置身其中，切实感受山水风情。吴中的山水具有典型的江南式意境，围绕山水之间、田园之中特色，将园博园镶嵌其中，尽显山水田园之美。

● 生态·科技园博会

太湖之滨，河网密布，水资源环境十分丰富，植被天成，湿地丰富。长期的生态保护和环保建设，使得该区域始终呈现着绿树成荫、稻田成片、村庄成景、碧波荡漾，一派地道的原生态景观。江南水乡风貌的精髓，正是在于这些景观的持续。苏州博览园引进全新的海绵技术、湿地技术、水敏性生态设计，以绿色屋顶、绿墙系统、太阳能系统、地源热泵系统等低碳节

能环保技术，为园博园的长期运营提供有效支持，爱护真山真水，永现青山绿水。

● 人文·生活园博会

苏州既是千年古城，也是园林之母，更是典型的江南水乡城市，其精巧的造园技艺和深厚的人文底蕴，为园博会注入丰富的文化内涵。吴中作为吴文化的发源地，古镇村落如明珠散落、雅致古朴，民间艺术历久弥新、繁花似锦，姑苏美食美景四季变换、遍地飘香，园博园处于整个太湖吴文化的包围之中，从高山流水逐渐流入寻常百姓家，从单一的景观效应逐步衍生出经济、民生和社会效应，是园林园艺焕发生机活力的全新演绎。园博园设计与布局更是将遵循古典与时尚融合，美观与实用并重的原则，囊括姑苏人文、水乡美景与江南美食，以人文生活之灵动尽显吴文化的现代生命力。

3. 设计创意

第九届（苏州）园博会规划打破园博会传统会展模式，从办园模式、造园模式、展示模式、游览模式等方面进行拓展与创新。另外，在会展内容上也力求突破，规划从区域文化背景和场地自然特征出发，融合吴地文化底蕴、苏州古典园林、太湖真山真水和江南水乡田园等多元要素，将第九届（苏州）园博会办成一届具有超前理念、鲜明特色、时代风尚及合作共赢的园林园艺盛会。

（1）"三园合一"新理念

第九届（苏州）园博会结合地域特色、场地特征、生态文明和美丽乡村建设的总体要求，将太湖田园风光、江南水乡村落和现代博览公园有机结合，创造性地提出了"公园""田园"和"家园"相互融合的"三园合一"理念。

通过场地解析与空间重构，将功能组织与景观表达有机整合，探讨全新的发展方向，引导园林园艺回归本源，注重园林园艺在改善生态环境、服务大众生活、促进旅游等领域的多元化功能。

（2）规划布局新模式

第九届（苏州）园博会规划期望打破园博会传统会展模式，从办园模式、造园模式、展示模式、游览模式等方面进行拓展与创新。

规划统筹主展区、村庄和滨太湖区域，强化资源整合及展后利用，弹性布局建筑、交通和服务设施，并通过有序引导与控制园区周边的城镇建设，刺激新的业态形成和产业发育，促进区域旅游服务业发展，放大园博会结构性效益。

▲ 图 4-123　第九届（苏州）园博会展园布局新模式

在展园与公共空间关系处理上，首次突破传统模式，以景观框架组织展园，并提出织补空间概念，强调通过互为因借、相互织补的构建关系，形成全园整体协调的景观风貌。

（3）江南园林新表达

第九届（苏州）园博会基于"水墨江南·园林生活"的会展主题，在总体空间设计上立足苏州传统园林的艺术成就，深入研究当代园林的科技发展与艺术表现，积极探索具有时代特征的"新江南"园林艺术风格，彰显江南文化和水乡特色，营造一处地域性、文化性、典型性和时代性特征显著的郊野型公园，向世人呈现一幅新江南园林艺术的诗画盛景。

▲ 图 4-124　充满"水墨江南，烟雨玲珑"意境的主入口形象

▲ 图 4-125　写意江南主入口形象

▲ 图 4-126　写意江南主入口太湖石景观

▲ 图 4-127　传统材料用于入口地面铺装

通过营造"水墨江南""烟雨玲珑"的水乡特色情景，运用框景、对景、借景的设计手法，打造"新江南"的景观特色。古朴自然乡间小径——当地传统材料砖、瓦用于入口地面铺装，展现江南小巷弯曲幽静的青青石板路；去除路牙设计，与周边草地平结，更加生态自然。粉墙黛瓦的水乡人家——提取屋顶元素，运用于水帘小品装置，层层错掩映在竹林之中，营造现代山墙的特色景观；将水幕帘、雾喷等设计手法加入，营造一幅缥渺幽远的烟雨水乡景致；竹林作为主要的植物种植，与山墙高低错落，藏而不露。

（4）田园乡村新融合

第九届（苏州）园博会首次将自然形态的村庄包容其中并布置独立展区，名为"诗画田园"片区。在尊重现状的基础上，对乡村田园背景和景观基础设施（大堤、河渠、防护林）进行保护与提升，将田园风光融入园林园艺之中，既生动展示江南独有的田园风貌，又以水陆结合的交通方式使人置身其中，让

▲ 图 4-129　家庭园艺展区

▲ 图 4-130　水乡田园式特色村庄

游人切实感受山水风情。同时，保留和协调村庄、农田、林地、湿地等用地并进行适度利用和开发，保证园博会基本功能需求，并且充分结合后续需要进行会后规划。

该区以保留柳舍村作为背景，外围结合现状地形，以大面积田园地景为特色，营造富有诗意的乡村与田园相互融合的自然景观画面。其中保留柳舍村纳入园区整体考虑，并将其定位为水乡田园式的特色村庄，通过整治与规划，结合美丽乡村建设、全省村庄整治新技术应用、乡村庭院展示和花圃地景田园等专题展示和水陆游线的组织，打造为园区中一大特色片区。

▲ 图 4-128　诗画田园片区

（5）海绵公园新技术

第九届（苏州）园博会秉持自然积存、自然渗透、自然净化的"海绵城市"的理念，结合生态绿沟、雨水花园、集雨型绿地的设计将雨水收集、管理等一系列循环利用措施，将海绵城市的各项技术应用在全园范围内。此外，在增加雨水滞留、缓释功能的同时，要尽量保证原有的景观功能不缺失、设计标准不降低、园林品质有新意。

▲ 图 4-133　第九届（苏州）园博会博览园中的集雨型绿地

▲ 图 4-131　集雨型绿地示意图

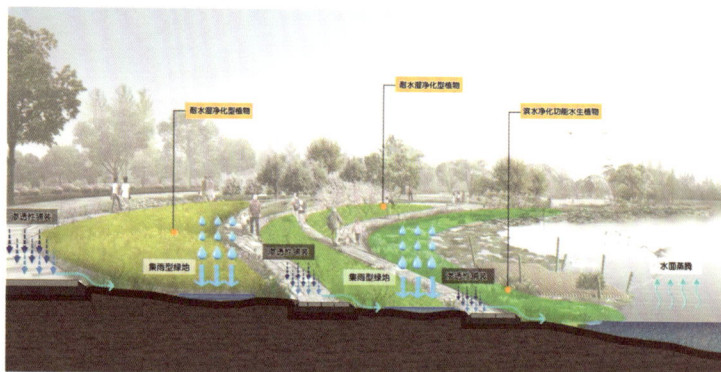

▲ 图 4-134　植被缓冲带设计示意图

▲ 图 4-132　集雨型绿地实施效果

▲ 图 4-135　植被缓冲带实施效果

　　根据"海绵城市"设计理念，在自然地形的基础上优化道路与绿地关系的竖向设计，构建园路路面与绿地汇水、蓄水的关系。最大限度保留了原有主要河流、湿地和沟渠等水生态敏感区，同时也结合园博园功能需求对现状部分鱼塘、村庄水系、顺堤河等进行了沟通和梳理，通过地形、水网和集中水体的构建使原有无序、杂乱的水生态区域更加系统和高效。目前园区水域面积约500亩，占总面积的14%，总蓄水能力超过50万立方米，从而有效满足了园区内部排水防涝、绿化灌溉、道路及广场冲洗、消防等用水需求；绿化面积约2000多亩，绿地率达到60%以上，有效地保证了内部雨水的大面积渗透。

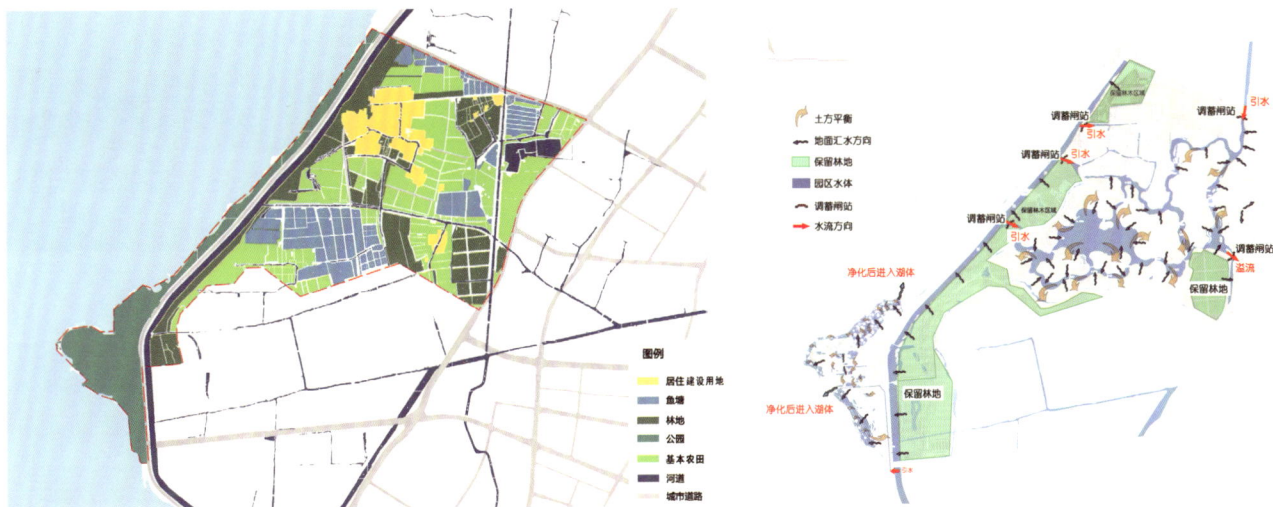

▲ 图4-136　海绵型郊野公园汇水区域前后对比图

147

同时，充分利用现状自然地形并进行局部改造，在小区域范围内通过地形的起伏实现洼地和高地的结合，因地制宜布置生态排水沟、渗透铺装、下沉式绿地、湿地等海绵技术，以取代传统的地下雨水排水管道，充分发挥场地对雨水的吸纳、蓄渗和缓释作用，削减径流污染，有效利用场地雨水资源，恢复自然水文循环，改善生态环境。

▲ 图 4-137　小微湿地设计示意图

▲ 图 4-139　雨水花园实施效果

▲ 图 4-138　小微湿地实施效果

▲ 图 4-140　透水铺装实施效果

4. 实施效果

▲ 图 4-141 "栖居"片区实施效果

▲ 图 4-142 "写意园林" 主展区鸟瞰

▲ 图 4-143 主展区 "乡情" 片区实施效果

▲ 图 4-144　主展区"墨趣"片区实施效果

▲ 图 4-145 主展区"印象江南"主入口片区鸟瞰

▲ 图 4-146　主展区西入口下沉式绿地鸟瞰

▲ 图 4-147 分离式路基主园路鸟瞰

▲ 图 4-148　主展区与诗画田园片区相互融合

▲ 图 4-149 主展区与诗画田园片区鸟瞰

（二）第十届江苏省园艺博览会规划与工程设计

1. 园博概况

第十届江苏省园艺博览会于 2018 年 9 月 28 日在扬州仪征市枣林湾生态园举办，会期为一个月。

博览园规划面积约 120 公顷，位于枣林湾生态园（省级旅游度假区）核心区。枣林湾生态园处于宁镇扬的地理中心，区位优势明显；博览园选址紧邻 328 国道、G40 高速、353 省道和宁启铁路，交通便捷；周边区域为典型丘陵地貌，景观资源丰富，生态环境良好，有"三山、五湖、两泉、一河"等自然资源。

从选址来看，博览园选址位于江苏省域城镇化格局中沿江城市带和南京都市圈交汇处，是宁镇扬三大城市的地理中心区，在宁镇扬都市圈的紧密圈层，是宁镇扬同城化发展的先行区域。仪征枣林湾处于扬州"东水西山"旅游大格局中西南部生态核心区，是对接南京东北部的重要门户片区。此外，枣林湾地区还是仪征市生态涵养区和休闲旅游基地，是 S353 生态旅游产业发展带上的重要节点。集多重优势于一身的枣林湾生态园，在新型城镇化建设、美丽乡村战略、农业现代化的大背景下，具有巨大的发展潜力。

从资源来看，博览园不仅依托扬州博大精深的历史人文积淀，同时也具有独特的生态价值和旅游价值。枣林湾生态园是华东最大的丘陵生态园，周边自然、文化及旅游资源十分丰富。生态园内有中国最大的芍药栽培、展示基地，中国最大的户外体育拓展公园，华东最大的越野车比赛场所，江苏最大的樱花观赏基地，苏中单体规模最大的花木场和江北最大的绿茶种植基地等生态和旅游资源。

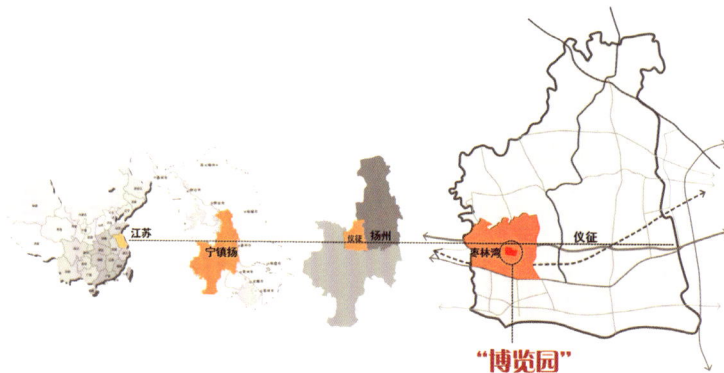

▲ 图 4-150　第十届（扬州）园博会博览园在宁镇扬都市圈的区位

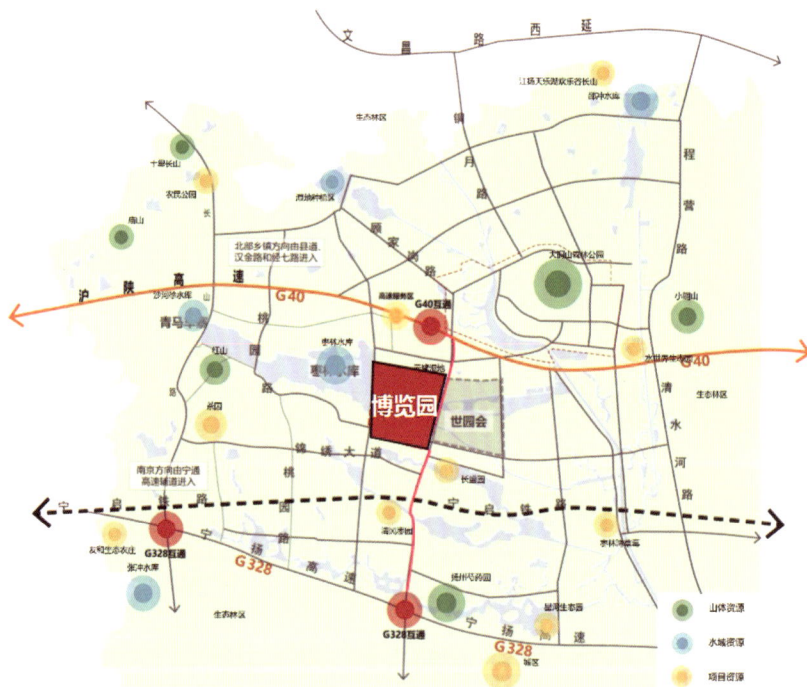

▲ 图 4-151　第十届（扬州）园博会博览园的交通优势和资源优势

博览园选址于枣林湾生态园，不仅有利于提升枣林湾地区的知名度和品牌效应，带动仪征发展，更对宁镇扬同城化起到积极的推进作用。

2. 规划构思

（1）主题立意

本届园博会以"特色江苏·美好生活"作为展会主题，从规划设计、技术创新、功能布局、活动安排等方面集中展现当代园林园艺发展的最新成果，探索园林绿化建设的新理念、新模式与新技术，体现园林对扮美城市空间、丰富百姓生活的积极意义，激发全社会对和谐人居环境的关注和追求。博览园规划秉承彰显大地景观特色、融入美好大众生活、展现江苏大美园林的规划理念，打造融示范性、文化性、参与性于一体的郊野公园和地景博览园。

规划基于场地环境特征，充分利用现有地形地貌、水系、植被等自然要素，展现郊野景观风貌；基于省域特色空间，梳理并提取省域典型风貌特色，展示江苏大地景观；基于地域文化资源，挖掘并提炼省域典型文化特征，传承发展园林文化；基于多样功能需求，发挥场地优势和功能潜力，营造百变生活空间。

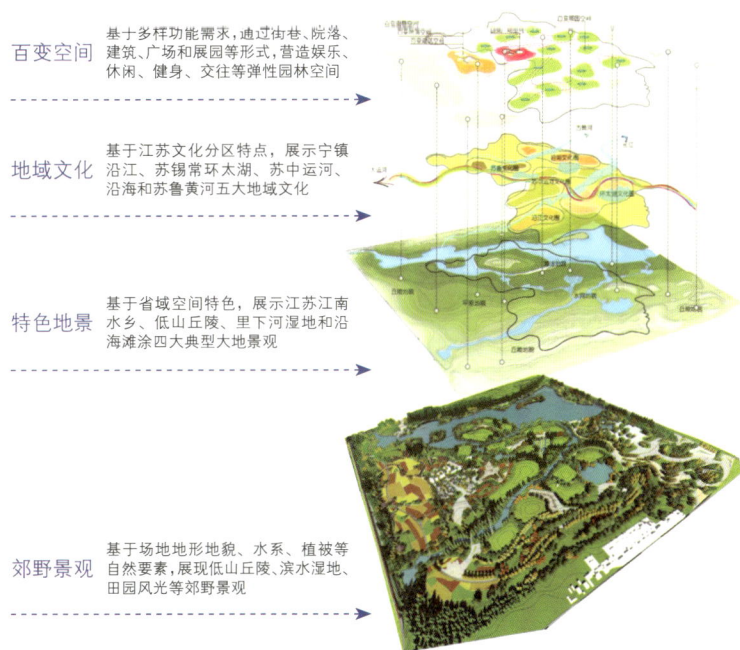

百变空间　基于多样功能需求，通过街巷、院落、建筑、广场和展园等形式，营造娱乐、休闲、健身、交往等弹性园林空间

地域文化　基于江苏文化分区特点，展示宁镇沿江、苏锡常环太湖、苏中运河、沿海和苏鲁黄河五大地域文化

特色地景　基于省域空间特色，展示江苏江南水乡、低山丘陵、里下河湿地和沿海滩涂四大典型大地景观

郊野景观　基于场地地形地貌、水系、植被等自然要素，展现低山丘陵、滨水湿地、田园风光等郊野景观

▲ 图 4-152　第十届（扬州）园博会主题立意

159

（2）规划结构

博览园总体布局借鉴《园冶》造园理论，采用现代造园手法，广泛运用生态、环保、海绵等绿色科技，尊重并利用场地地形和资源条件，充分挖掘地方特色文化，突出江苏特色表达。规划以江苏典型地理景观为意向，重塑山水间架，并根据江苏营造太湖、丘陵、里下河湿地、沿海滩涂四种典型景观风貌，结合公共景观和城市展园，共同打造地景博览园，充分展现江苏典型地景特色、植物季相特征、建筑文化特质和城市林荫路绿化风貌特点，总体形成"一心、一廊、两带、五区"的空间结构。

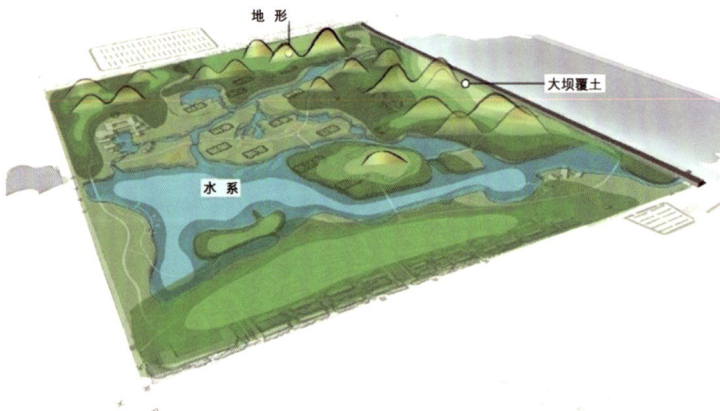

▲ 图 4-153　第十届（扬州）园博会具有江苏特色的山水构架

▲ 图 4-154　第十届（扬州）园博会总平面图

▲ 图 4-155　第十届（扬州）园博会规划鸟瞰图

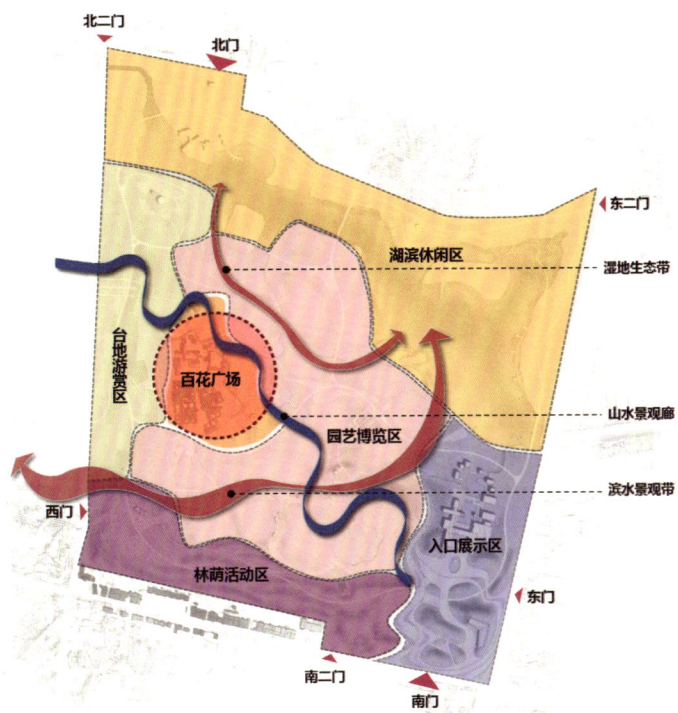

▲ 图 4-156　第十届（扬州）园博会规划结构图

161

一心：百花广场

百花广场由锦云村、百花剧场组成。锦云村基于原有村落肌理，结合美丽乡村建设、庭院绿化和非遗文化展示，营造院落、街巷、建筑、广场等多维空间，打造慢生活村落。百花剧场作为宁镇扬花卉节重要的空间载体，承担园区重大节庆活动，营造百变生活空间。

一廊：山水景观廊

由凌空花廊、水上栈桥和林荫游步道组成的景观廊，串联入口区、展园区、百花广场、台地花园及公共景观节点，着重表现省域特色地景和典型景观风貌。

两带：湿地生态带，滨水景观带

湿地生态带——在保留基地现有原生湿地岸线基础上，通过地形整理和植物优化营造湿地生境。

滨水景观带——利用并改造现有鱼塘洼地、灌溉水渠，打造富有省域空间特色的滨水空间。

五区：入口展示区、园艺博览区、滨湖休闲区、台地游赏区、林荫活动区

入口展示区——由南广场、南游客中心和主展馆组成。充分利用基地丘陵地貌特征，取义扬派盆景，打造"咫尺山林"的入口景观形象。

园艺博览区——由十三个城市园、园冶园和云鹭居组成，是全园的核心展区，基于地域文化内涵，着重展现江苏特色地景风貌。

滨湖休闲区——利用并修复现状云鹭湿地，结合湿地植物展示、环湖步道建设和湿地生境的精心营造，提升景观；设置湿地栈道、观景设施及滨水码头，丰富游赏体验，完善休闲功能，形成滨水生态游览区。

林荫活动区——为园区与南侧枣林渔村的缓冲区域，通过对场地现有地形的梳理、绿化种植和林相改造，融入林中漫步、林下休憩和林间康健功能，形成环境优美的林下活动场所和林荫休憩空间。

台地游赏区——通过空中栈道组织立体游线，借景水库景观，纵览台地花海，打造特色台地花园和菊花专类园，结合观景塔设计为游客提供立体观景视角，同时利用水、岩、土、木、雾等自然造景元素，营造富有参与性和互动性的主题游园。

（3）展园布局特色

本届园博会城市展园规划以江苏文化展示为特色，以省域五大文化圈层概念为依据，形成五大城市展园文化特色片区。

宁镇沿江文化片区：包含南京展园、镇江展园，提取六朝文化、港口文化、古刹文化、云锦织造文化、运河文化、茶文化等要素，营造宁镇沿江文化景观。

苏锡常环太湖文化片区：包含苏州展园、无锡展园和常州

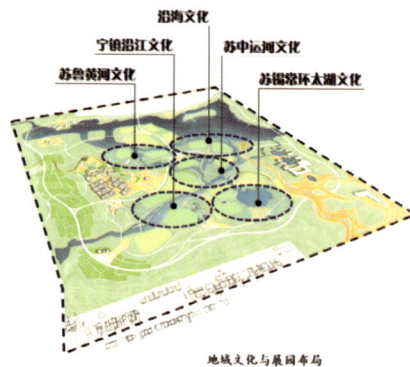

▲ 图 4-157　第十届（扬州）园博会江苏省域文化特色

162

展园，提取江南水乡文化、滨湖渔文化、戏曲文化、织造文化、漕运文化等要素，营造环太湖文化景观。

苏中运河文化片区：包含扬州展园、淮安展园及泰州展园，提取运河文化、古典园林艺术、扬派盆景艺术、诗画文化、盐商文化等要素，营造苏中运河文化景观。

沿海文化片区：包含连云港展园、盐城展园、南通展园，提取海派文化、港口风貌、沿海滩涂、沿海湿地等要素，营造沿海文化景观。

苏鲁黄河文化片区：包含徐州展园、宿迁展园，提取黄河文化、彭祖文化、楚汉文化等要素，营造苏鲁黄河文化景观。

苏中运河文化——扬州、泰州、淮安

表现要素：
运河文化、南要园林、扬派盆景、诗画文化、盐商文化

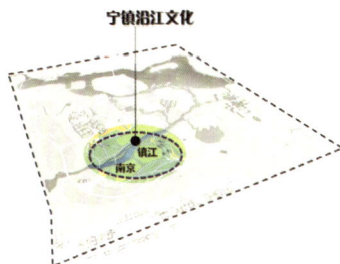

▲ 图 4-160 苏中运河文化

宁镇沿江文化——南京、镇江

表现要素：
长江文化、六朝遗迹、港口文化、古刹文化、云锦织造文化、运河文化、茶文化

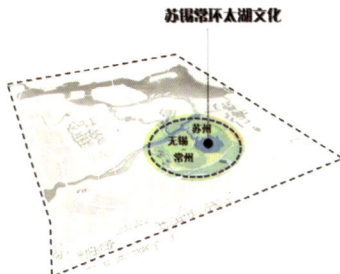

▲ 图 4-158 宁镇沿江文化

沿海文化——连云港、盐城、南通

表现要素：
海派文化、港口风貌、沿海滩涂、沿海耐盐碱植物景观

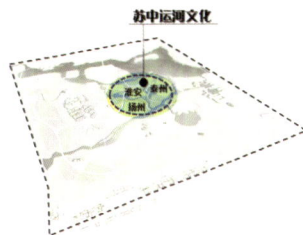

▲ 图 4-161 沿海文化

苏锡常环太湖文化——苏州、无锡、常州

表现要素：
太湖文化、江南水乡文化、滨湖渔文化、戏曲文化、织造文化、漕运文化

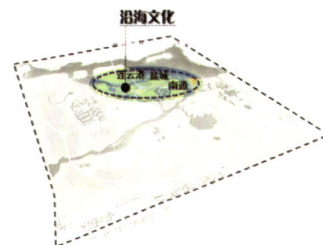

▲ 图 4-159 苏锡常环太湖文化

苏鲁黄河文化——徐州、宿迁

表现要素：
黄河文化、彭祖文化、楚汉文化

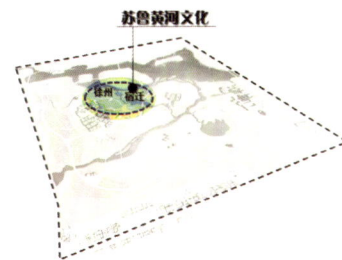

▲ 图 4-162 苏鲁黄河文化

除城市展园外，本届园博会还设置了一个展示《园冶》文化的主题园，以《园冶》造园理论为支撑，传承并发展传统造园技艺，营建时代背景下的传统园林。同时，通过专题文化展示和系列主题活动，宣传、普及中国传统造园艺术。

3. 设计创意

（1）百变园博

"百变空间"是本届园博会规划亮点之一。本届园博会博览园在规划设计中突出强调园林与生活的关系，强调人与人、人与园林以及人与自然的三方互动。本届园博会博览园在民俗村北侧规划了"百变空间"主题片区，将园林场所与人们日常活动相结合，打造出广场舞空间、阅读空间、社交空间等多个特色空间。此外，博览园还营造了一处以儿童活动为主题的"童乐园"片区，包括"雾之谜""水之灵""木之变""岩之奇""土之颜"五个主题景区，探寻园博五味之旅，重新认识大自然中最简单的元素。博览园将园博会变成人与园林对话的场所，游客在这里体验园林、参与园林、感受园林。

"百变空间"片区以强化游览体验为核心，通过优化游线、强化互通、提升人性化服务设施的方式，研究景观与体验的相互关系，营造"一起学新知""一起开脑洞""一起致青春"三条特色游线，同时通过叠加"人"与"园"的互动关系，形成三个特色片区。

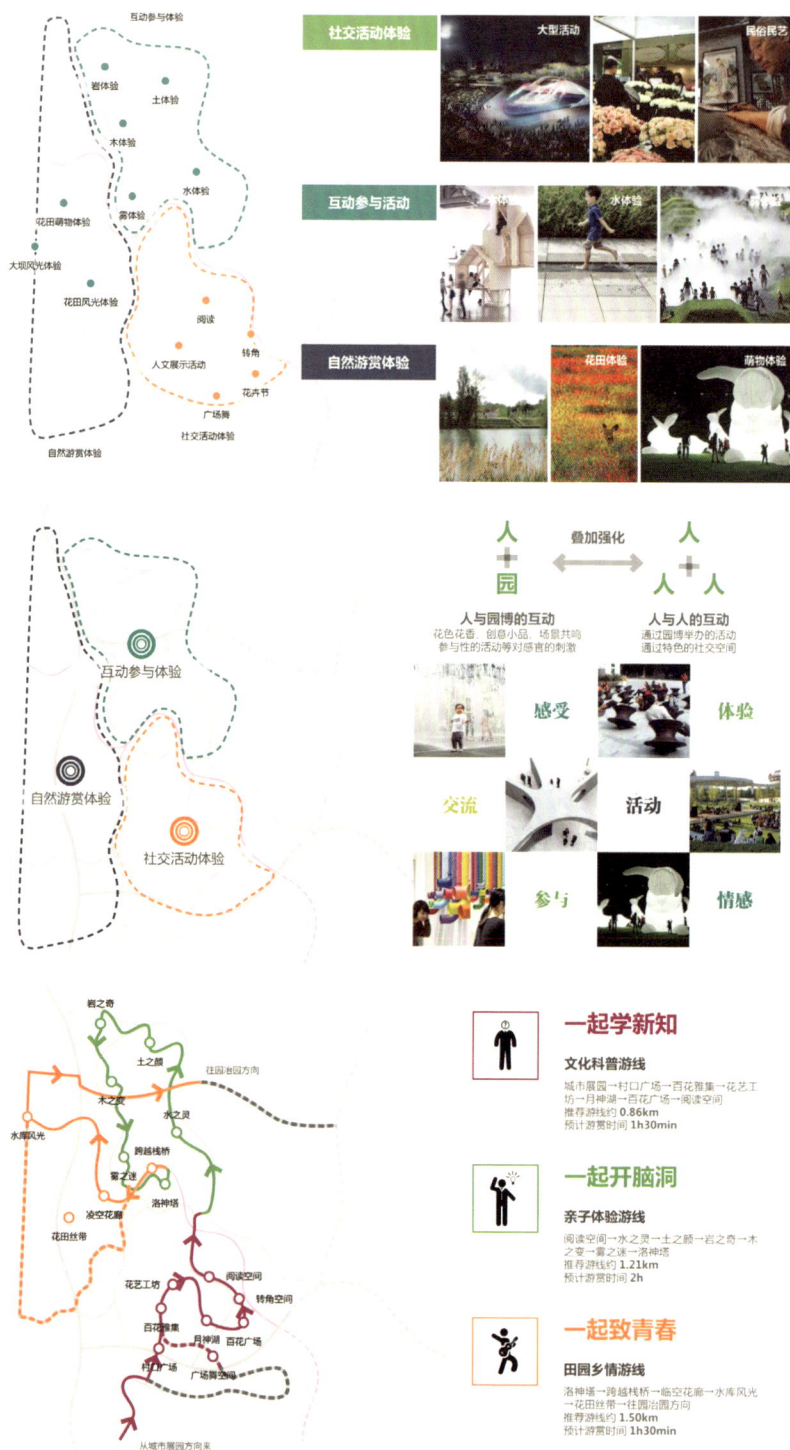

▲ 图4-163 以游览体验为核心的游线组织

▲ 图 4-164　百花广场效果图

▲ 图 4-165　阅读空间效果图

▲ 图 4-166　大树学园实景图

165

▲ 图 4-167　土之颜实景图

▲ 图 4-168　互动水景蜗牛

▲ 图 4-169　互动设施

▲ 图 4-171　百花广场

▲ 图 4-170　木乐园——互动设施

▲ 图 4-172　互动水景设施（左）和交往空间（右）

（2）地景园博

本届园博会以地景艺术为特色，在博览园中展现江苏四大重点风貌特色：太湖印象片区，展现苏南太湖平山远水的地域风貌；丘陵印象片区，展现苏西南低山丘陵的地域风貌；垛田印象片区，展现苏中里下河区域湿地田水相融的地域特色；滩涂印象片区，展现苏东沿海滩涂湿地的地域风貌。四大风貌片区与城市展园结合，共同展现了江苏大美园林。

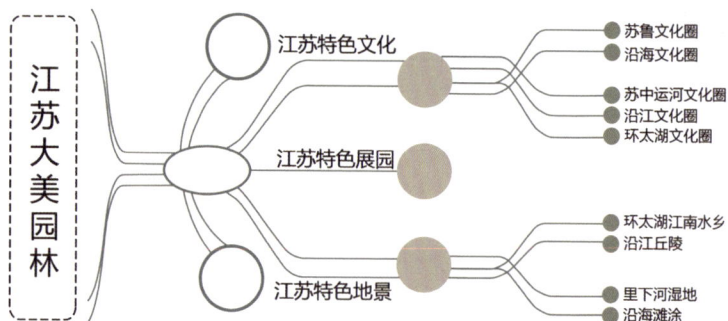

▲ 图 4-175　垛田印象效果图

▲ 图 4-173　体现江苏特色的园林模式

▲ 图 4-176　滩涂印象效果图

▲ 图 4-174　太湖印象效果图

▲ 图 4-177　丘陵印象效果图

利用地形变化营造台地花海景观，通过不同色系花色的渐变过渡形成"大地调色盘"的景观效果，同时在坡脚利用雨水花园收集净化雨水，营造不同的生境之美。

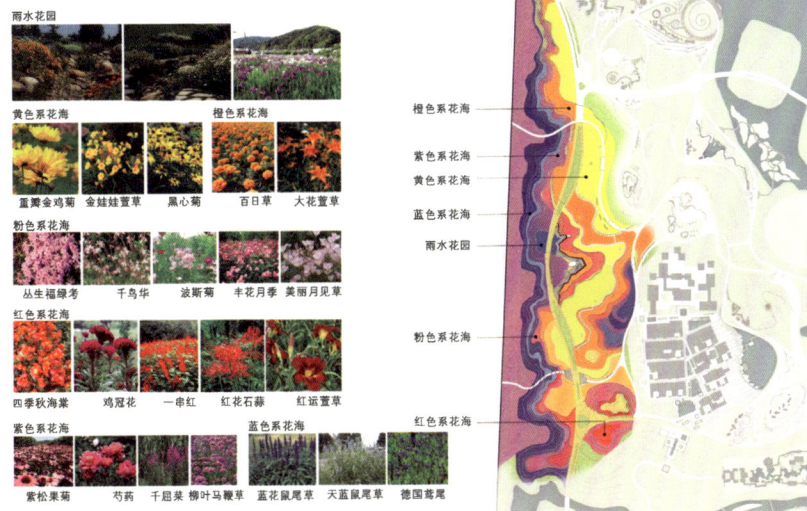

雨水花园

黄色系花海　　橙色系花海

重瓣金鸡菊　金娃娃萱草　黑心菊　百日草　大花萱草

粉色系花海

丛生福绿考　千鸟华　波斯菊　丰花月季　美丽月见草

红色系花海

四季秋海棠　鸡冠花　一串红　红花石蒜　红运萱草

紫色系花海　　　　　　　蓝色系花海

紫松果菊　芍药　千屈菜　柳叶马鞭草　蓝花鼠尾草　天蓝鼠尾草　德国鸢尾

橙色系花海
紫色系花海
黄色系花海
蓝色系花海
雨水花园
粉色系花海
红色系花海

本届园博会博览园基地位于枣林湾水库东侧，以枣林湖大堤为场地边界，大堤与基地高差超过6米，从空间和视线上基本隔离了枣林水库与博览园场地，地形地貌上的缺陷对场地设计提出了较高挑战。在本届博览园规划设计中，设计师在水利条件允许的情况下，对大堤地形进行有限改造，通过覆土、地形重塑的方式减缓坡度，将大堤处理为多级台地，形成具有特色的台地花海。此外，设计师还通过空中栈桥的方式，在枣林大坝上增设空中栈桥出入口，利用立体游线，将湖景引入园中，游人在栈桥上即可远眺枣林湖，实现了借景入园的景观效果，丰富了博览园中的景观层次。

▲ 图 4-179　台地花海效果图

▲ 图 4-178　枣林大坝原始地形

▲ 图 4-180　特色立体花卉绿雕

4. 实施效果

▲ 图4-181　第十届（扬州）园博会航拍图

▲ 图 4-182　台地花海

▲ 图 4–183　景观塔与景观栈桥

▲ 图 4-184　景观塔与景观栈桥（夜景）

▲ 图 4-185　儿童乐园片区

▲ 图 4-186　滨水广场

▲ 图 4-187　第十届（扬州）园博会互动大草坪和蘑菇亭

▲ 图 4-188　第十届（扬州）园博会闲云食栈

▲ 图 4-189　第十届（扬州）园博会绚丽彩带

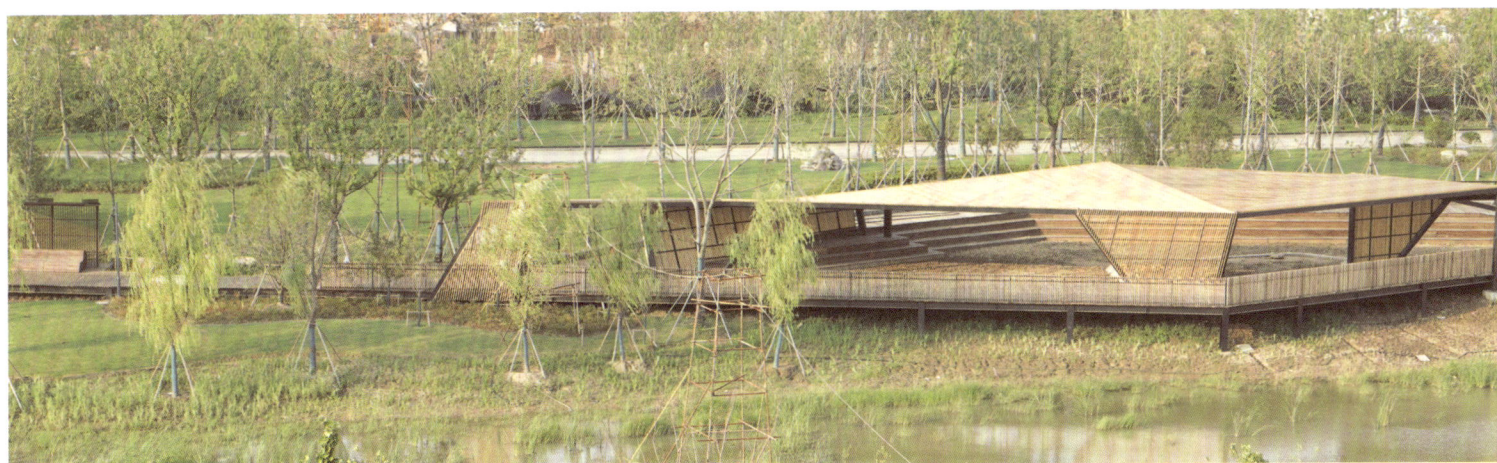

▲ 图 4-190　第十届（扬州）园博会长坡挑台（上）和折纸构架（下）

▲ 图 4-191　折纸构架（夜景）

（三）第二届湖北省园林博览会
规划与工程设计

1. 园博概况

　　湖北省园林博览会是经中共湖北省委、省人民政府批准，由湖北省住房和城乡建设厅、各市人民政府共同举办的大型园林园艺展览盛会。首届湖北省园林博览会于 2016 年 9 月在黄石举办，主题为"转型黄石·灵秀湖北——绿色引领未来"。

　　第二届湖北省园林博览会（以下简称"第二届（荆州）园博会"）即将于 2019 年 9 月在荆州举办，博览园选址位于荆州市纪南文旅区长湖畔，规划总面积约 103 公顷。

　　博览园选址地处主城区近郊，紧邻二广高速、楚都大道（在建），交通便捷，也是荆州市"一城三区"城市北部重要拓展方向。所在区域为典型江汉平原地貌，景观资源丰富，生态环境良好，有"一河、两堤、联塘、林网"等自然资源与邵家嘴古城遗址等人文资源，地块紧邻环长湖风光带与楚王宫（规划），园区后续利用将为纪南文旅区塑造荆楚文化沉浸式体验目的地集聚活力。

▲ 图 4-192　第二届（荆州）园博会博览园区位图

2. 规划构思

（1）主题立意

本届园博会以"辉煌荆楚·生态园博"为主题，结合新时代发展要求，以生态为核心理念，再现荆楚文化的辉煌。同时，通过打造盛典逸趣、楚义荆缘的"最"荆州，颂扬对美好生活的向往，传承对特色地景的感念，推广对文化活化的探索，实践对永续发展的追求。

▲ 图 4-194　第二届（荆州）园博会规划总鸟瞰图

"楚礼"——迎宾区
- "园聚"主入口广场
- 智慧运营中心
- 游客服务中心
- VIP停车场
- 电瓶车停车场
- 观赏草地景园
- 林荫花坡
- 龙会台
- 跌水汀步

"楚艺"——博览区
- 北次入口
- 雨荷旭
- 烟柳云堤
- 漾园梦辉
- 灵珠幻境
- 绮绣仙谷
- 铜缘橘园
- 荆楚文化体验中心
- 三袁桥

"楚耕"——游赏区
- 山水画卷
- 荆山楚水
- "耕技"栈道水车
- 荆州地方展园
- 漫水堤堰
- "渔情"水中游庭
- "乡忆"水乡聚落
- 鱼禾径
- 灌樱溪涧

"楚韵"——游赏区
- 伯牙桥
- 楚音雅聪
- 湖北地市展园
- 番花溪
- 矶冰积雪
- 楚隶竹筒
- 服务建筑
- 纹饰花坡
- 内码头

"楚凤"——临湖活动中心
- 主展馆
- 荆州区县展园
- 凤首标志物
- 中心剧场
- 古物花园
- 游船码头
- 庙湖码头
- 河口绿岛
- 贻贝沙滩
- 休闲驿站

"楚篱"——休闲区
- 西入口
- 古城故事
- 森林营地
- 古城城坦
- 古城炙场
- 荆之乐园
- 庄子濮吊亭
- 詹何垂钓亭
- 滨水餐厅
- 庙湖码头

▲ 图 4-193　第二届（荆州）园博会规划总平面图

（2）规划结构

规划布局以水绿网络为基底重塑空间架构，以水生境，以绿串景，营造"溪、河、湖、岛、堤、埂、塘、渚"典型风貌，以彩叶林荫路串联主次入口，总体形成"一心、一廊、五区"的空间结构。

一心："楚凤"临湖活动中心

由主展馆、中心剧场、凤首雕塑、公共活动场所以及一处荆州本地展园组成，是位于滨湖界面核心位置的主要观景与集散活动场所，也是本届园博园的主要水上入口。庭园、广场、开放草坪、挑台、码头等室内外空间流畅曲折、层次丰富，形象新颖难忘，承载园区重大活动的同时，成为区域景观地标。

一廊：借景庙湖，由山水画卷、烟柳长堤、主展馆、滨湖林带、特色游步道等组成的沿长湖景观长廊，串联楚艺文化互动体验区、展园区、主展馆、滨湖休闲沙滩等户外休闲及公共景观节点。

五区："楚礼"迎宾区、"楚艺"博览区、"楚韵"游赏区、"楚耘"游赏区、"楚苑"休闲区。

"楚礼"迎宾区——抽象表达山水框架，以林为屏、观赏草为前景、山水叠石为对景，营造盛大的地景花园迎接游客。承担园博会主入口形象展示、游客集散、中转、管理、服务等重要功能。

一心："楚凤"临湖活动中心

一廊：借景庙湖，由山水画卷、烟柳长堤、主展馆、滨湖林带、特色游步道等组成的沿长湖景观长廊

"楚礼"迎宾区

"楚艺"博览区

"楚韵"游赏区

"楚耘"游赏区

"楚苑"休闲区

▲ 图 4-195　第二届（荆州）园博会规划结构图

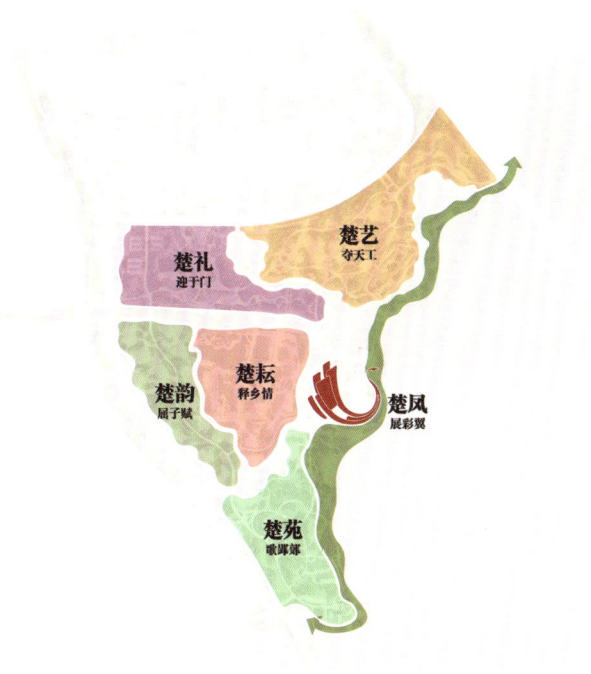

▲ 图 4-196　"楚凤"临湖活动中心效果图

▲ 图 4-197 "楚礼"迎宾区鸟瞰图

"楚艺"博览区——联通梳理水系，局部堆叠地形，贯通沿湖长堤，建筑庭园穿插环境之中，与东部庙湖开敞水面之间形成丰富层次，分布有 16 处园林园艺特色展园。

▲ 图 4-198 "楚艺"博览区鸟瞰图

"楚韵"游赏区——堆岛理水，取材楚辞等典籍以乡土植物为骨架丰富植物配景，形成季相、林相、色彩上的丰富层次，分布有 17 处湖北省各地市园林展园。

▲ 图 4-199 "楚韵"游赏区鸟瞰图

"楚耘"游赏区——保留场地塘埂肌理与乔木资源，结合湿地植物展示、特色游步道建设和湿地生境的精心营造，提升景观。游赏空间依托步行路径展开，分布有 10 处荆州区县园林展园。

"楚苑"休闲区——依托邵家嘴古城遗址，打造文化遗址保护与展示的示范空间。组织疏密相间的林下休闲场所序列，南端设置庭园式服务建筑，为主要户外休闲游憩服务片区。

▲ 图 4-200 "楚苑"休闲区鸟瞰图

（3）规划要点

● 因地制宜，以水塑形

博览园规划充分考虑场地现状水系特征，结合楚汉平原地景风貌，打造具有荆楚水乡特色的园林景观环境，同时作为本届园博会博览园规划建设的一大亮点，规划充分结合场地内部保留大树与现状遗址保护，融入设计元素，营造一届湖水环绕、绿树环抱的自然园博。

▲ 图 4-201　充分考虑现状水系的方案推演过程

▲ 图 4-202　富有楚汉地貌特征的乡情片区鸟瞰图

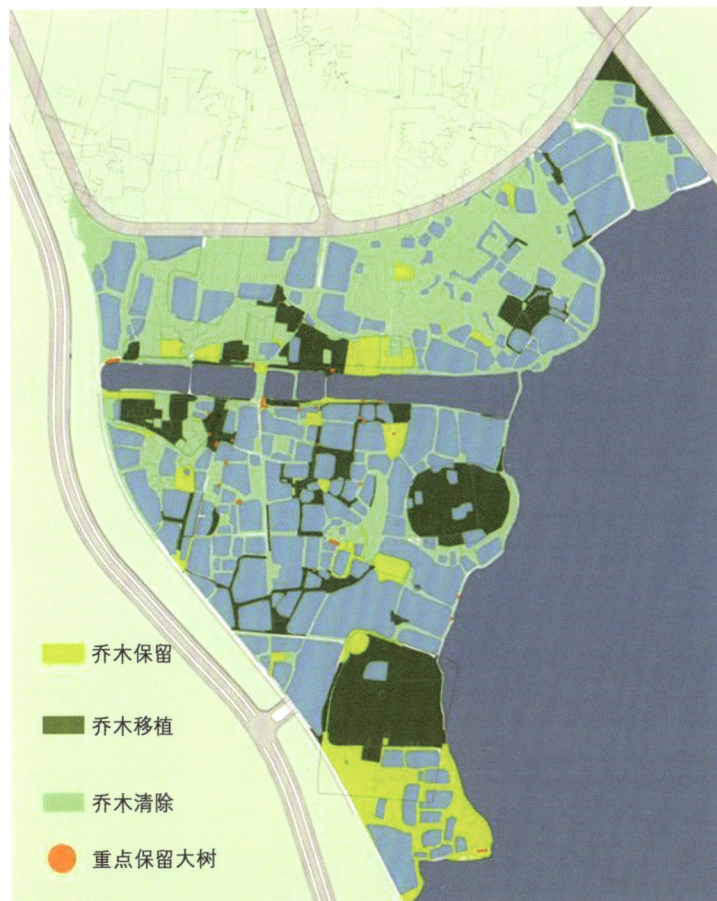

乔木保留

乔木移植

乔木清除

重点保留大树

▲ 图 4-203　结合现状保留树种下的植物规划

● 生态园博，泽联云梦
博览园全园应用透水铺
装、集雨型汇水明沟、集雨
型绿地、滞留湾、雨水利用
设施、湿塘等海绵技术方法
以打造能够自然渗透、自然
蓄存、自然净化的海绵型生
态园博。

浪漫园博

草坪婚礼

森林婚礼

中式婚礼

湿地婚礼

康体园博

康体园博

主题年会

亲子活动

拓展培训

丛林攀岩

森林烧烤

企业活动

▲ 图 4-204　多层次活动策划丰富互动体验

● 活力园博，休闲生活

博览园基于特色景观营造，通过园林空间承载，
组织草坪婚礼、湿地婚礼、森林烧烤、丛林攀岩、拓
展培训等融合浪漫、亲子、团建主题的丰富活动，促
进高品质互动与交往需求的发展，营造美好生活场景。

▲ 图 4-205　云梦童趣乐园效果图

● 人文园博，后续利用

博览园基于综合办展效应，强化与周边项目积极联动，结合楚王宫东侧的苑囿休闲区，打造可拆可合、多级联动的场地格局；结合环长湖风光带的文化体验核心区，打造充满荆楚文化特色的绿色银行；结合纪南文旅区人与自然和谐的景观示范区，打造历史遗址与文化保护的园林标杆。充分挖掘场所优势，发挥功能潜力，实现短期办园与长期利用和发展的圆融转换。

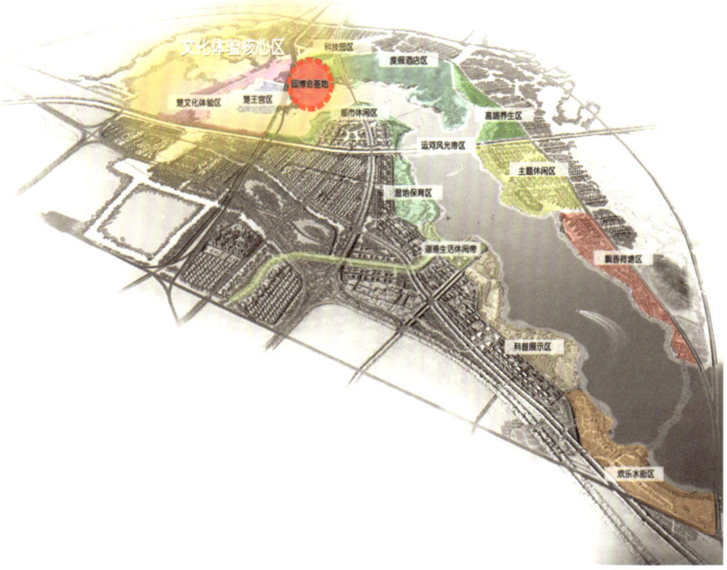

▲ 图 4-206　多层级配套强化后续利用

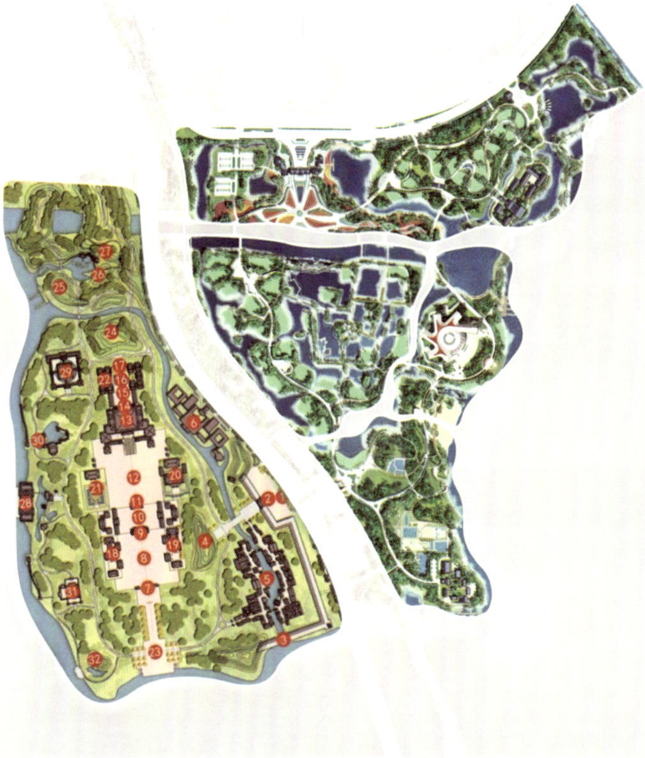

▲ 图 4-207　多级联动——可拆可合的场地格局（西宫东苑）

3. 设计创意

（1）节点设计

节点设计基于荆楚文化脉络，梳理并提取富有代表性的文化要素，归纳凝练出"楚礼""楚艺""楚耕""楚韵""楚凤""楚苑"文化序列，将文化元素转化为设计语言融入地景、小品等园林场所中，展示地域文脉，呈现对苑囿特质的追溯，推动"楚艺复兴"。

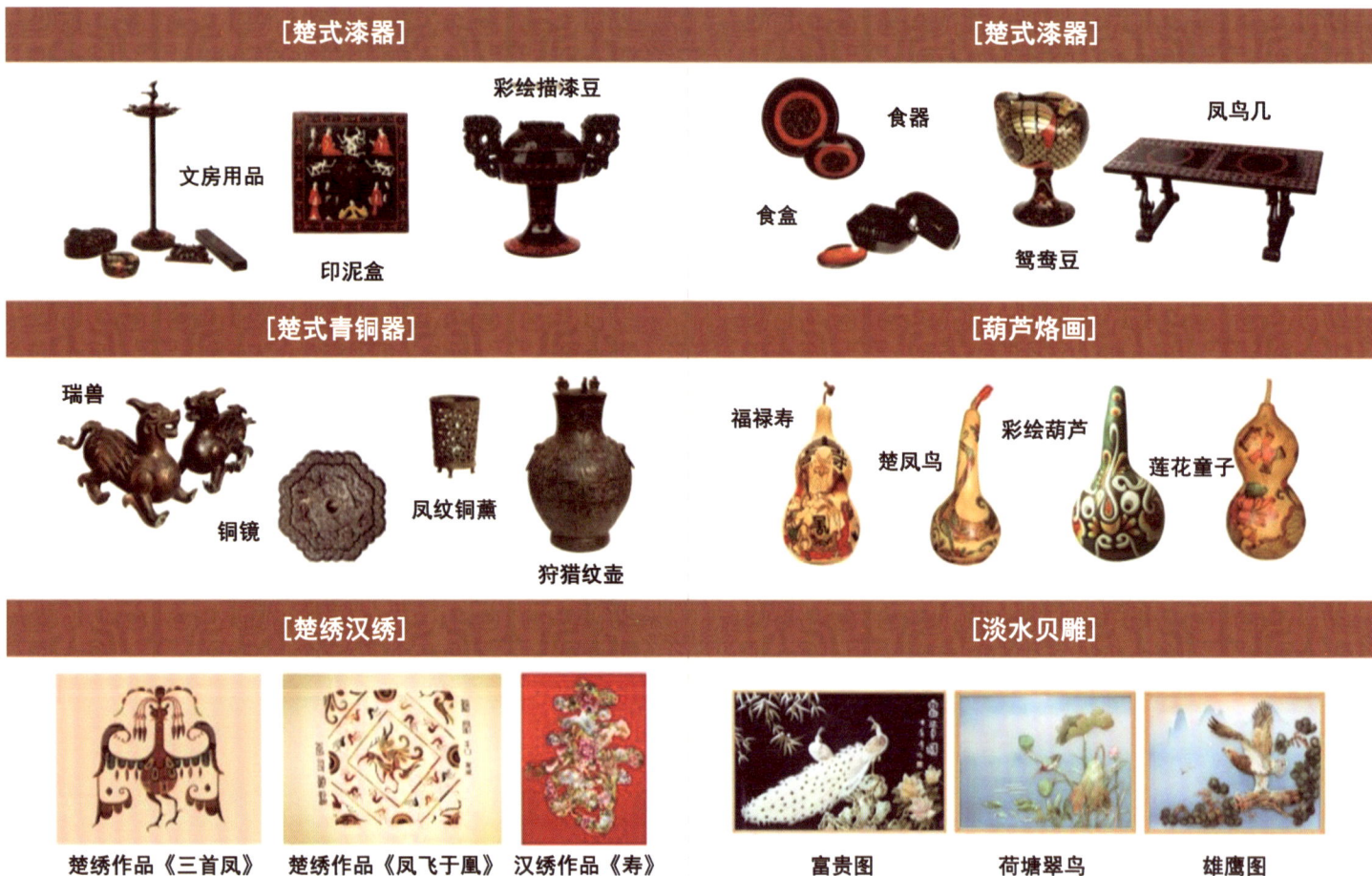

[楚式漆器]　　　　　　　　　[楚式漆器]

文房用品　　印泥盒　　彩绘描漆豆　　食器　　食盒　　鸳鸯豆　　凤鸟几

[楚式青铜器]　　　　　　　　[葫芦烙画]

瑞兽　　铜镜　　凤纹铜薰　　狩猎纹壶　　福禄寿　　楚凤鸟　　彩绘葫芦　　莲花童子

[楚绣汉绣]　　　　　　　　　[淡水贝雕]

楚绣作品《三首凤》　　楚绣作品《凤飞于凰》　　汉绣作品《寿》　　富贵图　　荷塘翠鸟　　雄鹰图

▲ 图4-208　荆楚文化元素提炼

▲ 图 4-209 "楚礼"车马迎宾节点效果图

▲ 图 4-210 "楚艺"漆园梦蝶节点效果图

▲ 图 4-212 "楚韵"楚音雅憩节点效果图

▲ 图 4-211 "楚耕"鱼禾园节点效果图

▲ 图 4-213 "楚凤"阳光沙滩效果图

（2）植物设计

第二届（荆州）园博会博览园整体以"万木吟楚，百花朝凤"为植物主题特色，充分挖掘楚辞中富有文化属性的植物。

同时，通过林境、花境、水境三个层次打造自然、生态的"楚辞花园"。

林境 —— 林荫系统构建
　　　　 林相改造

行道树系统

色叶片林

花境 —— 开花乔木片林
　　　　 组合花境贯穿
　　　　 香木香草花园

花木片林

组合花境

林下花园

水境 —— 水生生态系统构建
　　　　 水乡田园景观重现

水生植物生态系统

湿生植物生态系统

▲ 图 4-214　林境、花境、水境多层次植物配置

林境，分片区形成特色林荫系统，主园路两侧行道树选择生长较快、树冠开展的栾树、乌桕，同时增加特色秋色叶树种与耐水湿乔木。

花境，以自然组合花境贯穿主园路，全园片植开花、观果小乔木，丰富季相变化。

水境，以沉水植物、浮水植物、漂浮植物、挺水植物形成的水生植物群落与水生动物、微生物共同构成了水生态系统，通过"水八仙"品种表现水乡田园风貌。

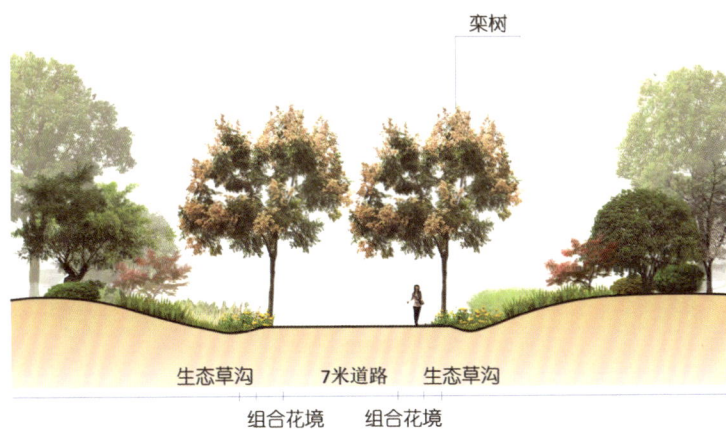

▲ 图 4-215　行道树林荫系统

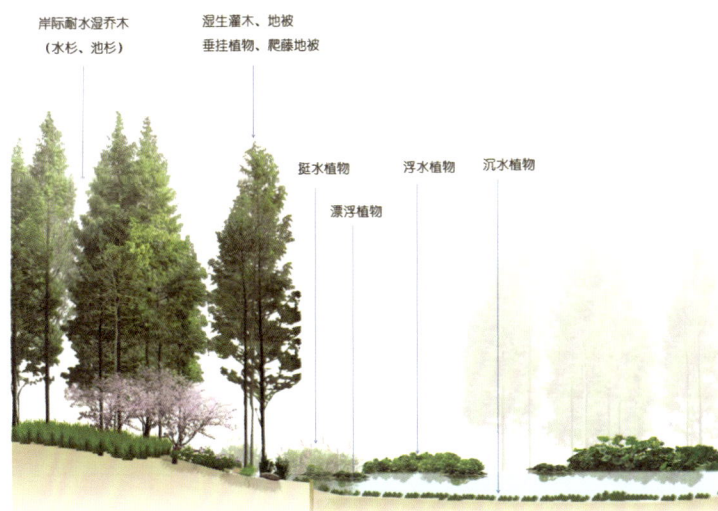

▲ 图 4-216　水生植物配置

竖向设计调整&原生树保留

本轮方案地形竖向调整模型

五区原生树分布

通过调整一级园路道路线型、局部微地形营造、调整岸线形态，保留场地原生大乔木。

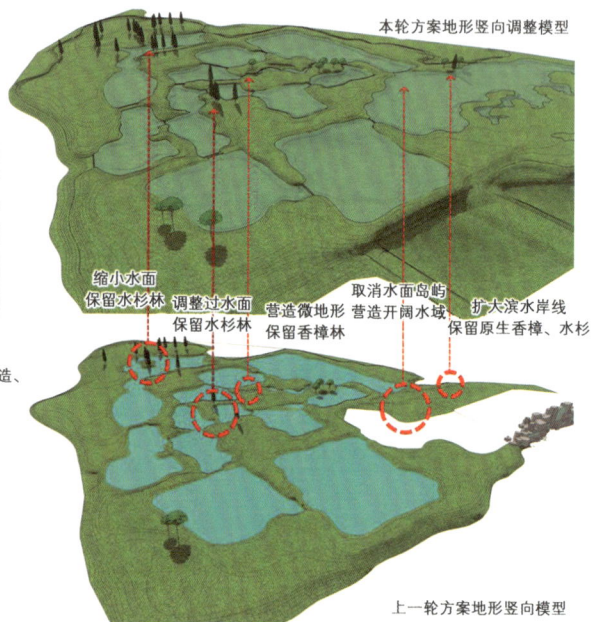

缩小水面
保留水杉林
调整过水面
保留水杉林
营造微地形
保留香樟林
取消水面岛屿
营造开阔水域
扩大滨水岸线
保留原生香樟、水杉

上一轮方案地形竖向模型

▲ 图 4-217　充分结合现状鱼塘水系进行的竖向梳理

（3）细节创意

地景景观——尊重现状地形地貌、植物资源、历史遗址，以低影响建设模式构建荆州特色地景景观。

"楚耘"游赏区还原鱼塘地貌，为保留现状水杉林，局部设置滚水坝调节塘内水位高度，营造具有楚汉水乡特色的跌水景观。

滚水坝设计

混凝土挡墙
300
详见结构设计

常水位±0.00
3400
常水位－0.50
常水位－1.00
250 500
500

水生植物种植区
安全缓冲区
>2000
6000
>2000
水生植物种植区
安全缓冲区
31.20
30.80
30.50
仿香樟木纹
C20混凝土仿木桩

龙汇河滚水坝二剖面图

水生植物种植区
安全缓冲区
>2000
8400
>2000
水生植物种植区
安全缓冲区
32.80
31.70
31.20

龙汇河滚水坝一剖面图

龙会河滚水坝一
龙会河滚水坝二

步行滚水坝　　非步行滚水坝
桥下滚水坝（拱桥）　　桥下滚水坝（平桥）

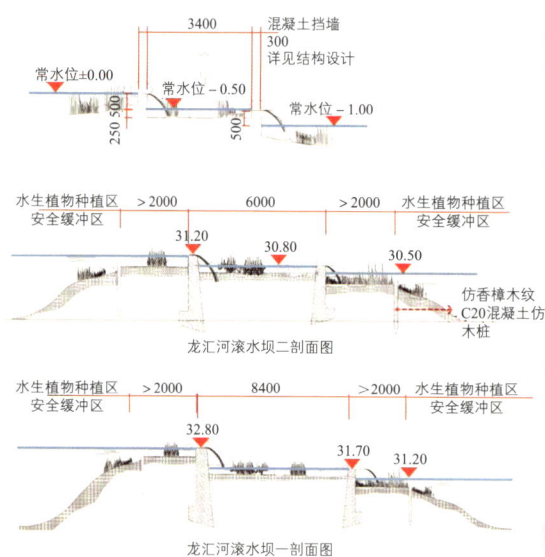

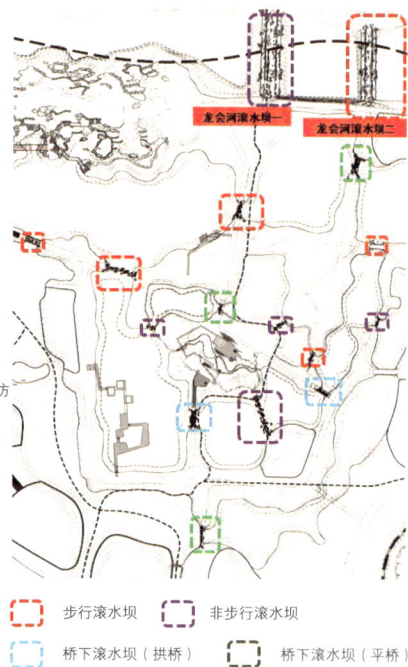

▲ 图 4-218　为保留鱼塘水面高差设计的滚水坝

乡土景观——提炼乡土景观元素和民风民俗，运用乡土材料与植物，营造荆州特色乡土景观。

"楚耘"游赏区"乡忆"节点通过设计茅草景亭、移建的传统民居建筑、农井景观小品、乡土铺装材料等营造具有荆州地方特色的乡情景观。

"乡忆"节点设计

乡忆·"前屋后院"
营造传统水乡聚落，以前屋后院的空间形式唤醒乡情

"乡亭"茅草景亭
村口记忆

老戏台（移建）

笆篓景观小品×4

（传统民居移建）
公共厕所 面积55㎡

（传统民居移建）
农耕文化展示 面积90㎡

"前屋"公共空间

后院

前屋

"乡源"
农井小品

磨盘汀步节

"洗台"

"岸舍"
水畔茅草屋×2

▲ 图4-219 "乡忆"节点平面图

茅草亭

直径400圆木座凳

50厚400×600浅灰色条石

100厚200×50青砖错缝竖向立铺

农井景观小品（二次设计）

100厚半径150-400圆形芝麻灰自然面
花岗岩 随机穿插圆形磨盘 间距150

▲ 图4-220 利用茅亭、农井小品营造荆楚农耕场景

193

"乡忆"节点设计

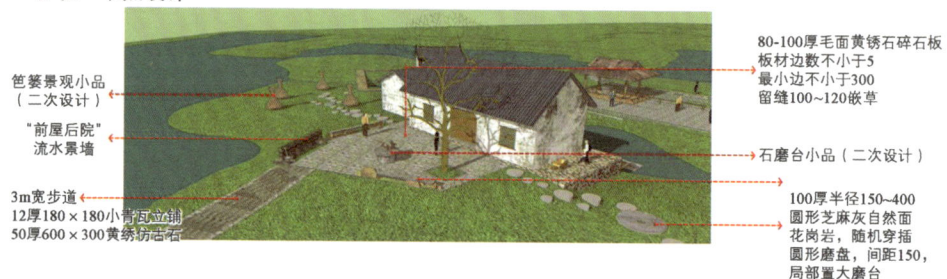

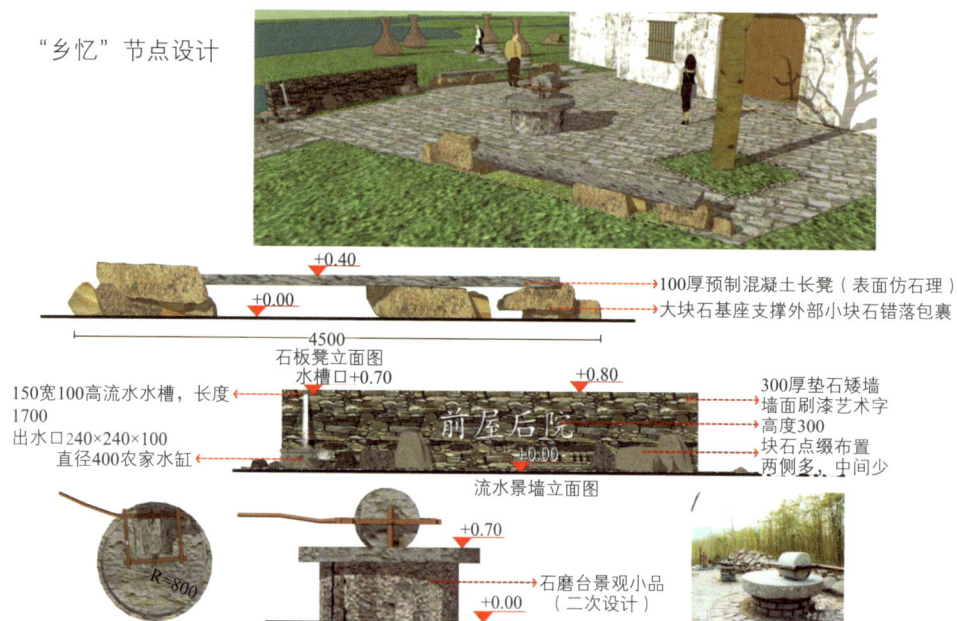

笆篓景观小品
（二次设计）

"前屋后院"
流水景墙

3m宽步道
12厚180×180小青瓦立铺
50厚600×300黄绣仿古石

80-100厚毛面黄锈石碎石板
板材边数不小于5
最小边不小于300
留缝100~120嵌草

石磨台小品（二次设计）

100厚半径150~400
圆形芝麻灰自然面
花岗岩，随机穿插
圆形磨盘，间距150，
局部置大磨台

▲ 图4-221　利用移建民居建筑、篱笆等景观小品营造荆楚院落场景

"乡忆"节点设计

+0.40

+0.00

4500

石板凳立面图

100厚预制混凝土长凳（表面仿石理）

大块石基座支撑外部小块石错落包裹

150宽100高流水水槽，长度
1700
出水口240×240×100
直径400农家水缸

水槽口+0.70

前屋后院

+0.00

流水景墙立面图

+0.80

300厚垫石矮墙

墙面刷漆艺术字

高度300

块石点缀布置
两侧多，中间少

R=800

+0.70

+0.00

石磨台景观小品
（二次设计）

▲ 图4-222　石磨台小品设计增加趣味互动

194

沿用楚国凤纹纹饰；以"C"形凤纹做场地构图，顺应展园边界及展园入口分布。

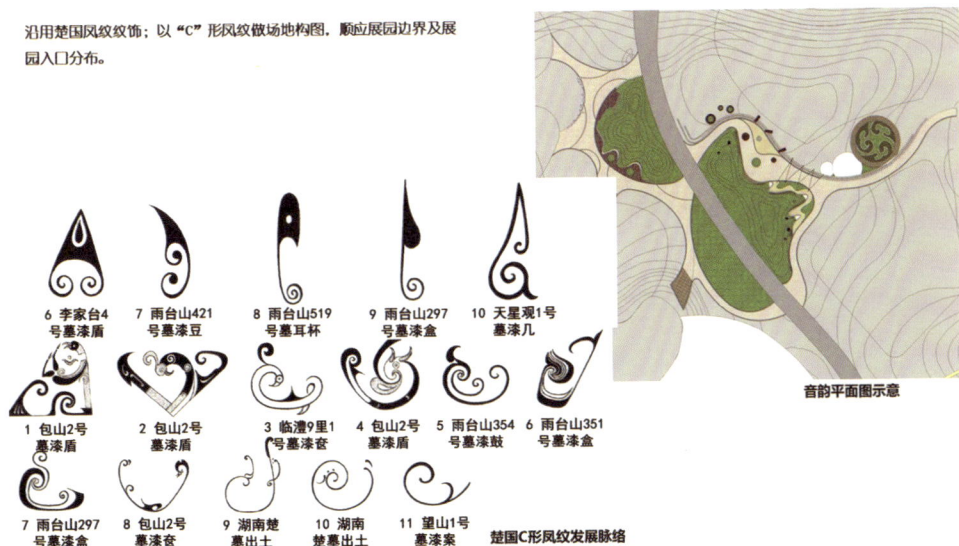

音韵平面图示意

6 李家台4号墓漆盾　7 雨台山421号墓漆豆　8 雨台山519号墓耳杯　9 雨台山297号墓漆盒　10 天星观1号墓漆几

1 包山2号墓漆盾　2 包山2号墓漆盾　3 临澧9里1号墓漆奁　4 包山2号墓漆盾　5 雨台山354号墓漆鼓　6 雨台山351号墓漆盒

7 雨台山297号墓漆盒　8 包山2号墓漆奁　9 湖南楚墓出土　10 湖南楚墓出土　11 望山1号墓漆案　**楚国C形凤纹发展脉络**

▲ 图 4-223　音韵节点平面图设计推演

文化景观——梳理荆楚文化脉络，挖掘荆楚文化内涵，展现荆楚特色文化景观。

"楚韵"游赏区音韵节点平面从楚国C形凤纹发展脉络演变而来，通过提取抽象符号形成设计语言，将楚国船坞结合楚辞中花卉布景，模拟船坞踏浪的景象。

▲ 图 4-224　音韵节点效果图

● ——花韵: 提取楚辞歌赋中描写植物篇章的花卉造景

以楚国船坞结合楚辞中花卉布景, 模拟船坞踏浪景象

砍冰积雪: 取自《九歌湘君篇》, 桂櫂兮兰枻, 砍冰兮积雪。采薜荔兮水中, 搴芙蓉兮木末。
在此引申为: 荡起双桨把稳船舵, 飞舟破浪卷起千堆雪。
薜荔长在陆上啊徒要水中采, 荷花开在水中啊却上树梢折。

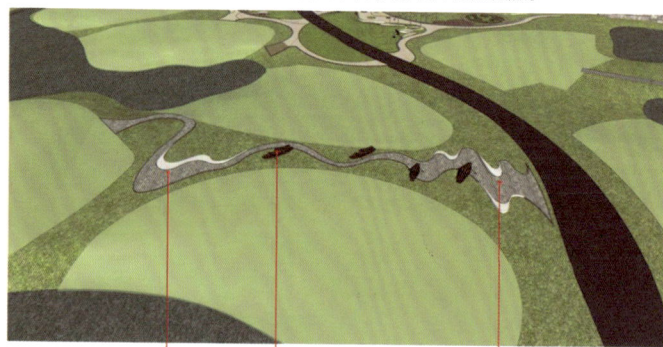

保留树木　　　保留树木　　　　　保留树木

▲ 图 4-225　花韵节点运用楚辞中花卉布景模拟船坞踏浪之景

▲ 图 4-226　花韵节点效果图

▲ 图 4-227　古城故事节点小剧场效果图

　　楚苑片区现状大量的现状树，树木长势良好，利用现状树围合营造林下空间，剧场上亦幻亦真的显示着古老的历史，楚国的风云变幻，将身处现代的人们拉回古代，让现在与历史相拥。

"楚苑"片区位于邵家嘴古城遗址，场地内仍可清晰看到原有古城的边界与周边场地存在巨大高差。设计选在此段恢复一段古城城墙，墙头放置若干荆条编制的小鹿，感受古城气息。

图 4-228　"楚苑"城垣景墙节点效果图

博览园全园配套景观设施设计从楚国文化中汲取灵感，在颜色、材质、造型等方面通过符号化、抽象化的设计语言将文化因子植入，表现出浓厚的楚国风韵。

座凳主要取材于楚国现存文物上典型的凤鸟纹，经过一系列变形和简化，形成卷曲向内的坐凳外形。座凳的侧立面也采取浮雕的形式镌刻出更为精细的凤鸟纹，并将浪漫瑰丽的楚国漆艺与之结合。

▲ 图 4-229　休闲座凳设计大样

垃圾桶顶部设计取材于楚国文化中象征北极星的天极文，并将其以红色漆艺的方式再现出来。而垃圾桶侧面则是取材于楚国最典型的凤鸟纹，经过一系列变形推演而成。

▲ 图 4-230　垃圾桶设计大样

全园围墙设计结合楚国建筑特色以及经典凤纹符号形成围墙主体结构，同时将本次举办城市——荆州融入中间铁艺栅格部分。

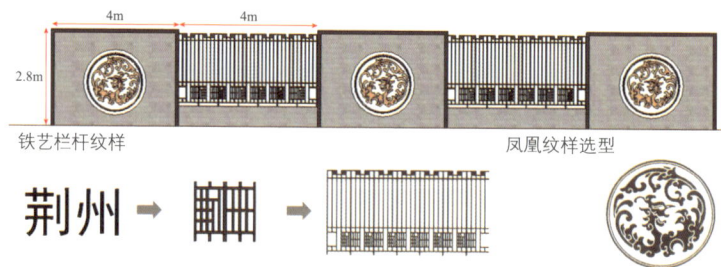

▲ 图 4-231　景观围墙设计大样

参考文献
References

［1］佚名. 世界博览会的由来［J］. 社会，2010（06）：38.

［2］李天娇. 园艺类博览园的发展规划研究［D］. 南京农业大学，2011.

［3］邹卫妍. 园林展的规划设计探讨［D］. 南京林业大学，2008.

［4］夏臻. 世博园后续利用研究［D］. 南京林业大学，2009.

［5］房昉. 园林博览会规划设计方法与其可持续发展关系的研究［D］. 中国林业科学研究院，2012.

［6］何伟，王向荣. 以不同时期为背景的德国联邦园林展功能之变革［J］. 研究，2016（06）：94-98.

［7］丁绍刚. 未来的花园——第十一届法国肖蒙国际花园节考察及其感悟.［J］. 中国建筑与装饰，2004（05）：87-88.

［8］张诗阳，王晞月，王向荣. 基于城市更新的西方当代园林展研究——以德国、荷兰及英国为例［J］. 风景园林规划设计，2016（07）：64.

［9］卢玉洁. 园艺类博览园规划设计研究［D］. 北京林业大学，2016.

［10］王翔. 江苏省园艺博览会在推动风景园林事业发展中的引领、示范作用［J］. 中国园林，2011（10）：65.

［11］王向荣. 关于园林展［J］. 中国园林，2006（01）：19-29.

［12］赵兵，王倩. 节约型园林的关注与实践［J］. 建筑与文化，2012（12）：8-12.

［13］刘冬红，杨立新. 世界园艺博览会发展历程与特点分析［J］. 沈阳农业大学学报（社会科学版），2015（01）：93-96.